Jean-Pierre Luminet

Jean-Pierre Luminet est astrophysicien, conférencier, écrivain et poète. Il est un spécialiste mondial des trous noirs et de la cosmologie, directeur de recherches au CNRS, membre du Laboratoire d'astrophysique de Marseille et de l'Observatoire de Paris. Également membre de plusieurs académies et sociétés savantes, il est lauréat de nombreux prix, notamment le Prix Européen de la Communication Scientifique 2007. L'astéroïde (5523) Luminet, découvert à l'observatoire Palomar en 1991, porte son nom en hommage à ses travaux.

Nommé Officier des Arts et des Lettres pour ses activités de poète, essayiste, romancier et scénariste, il est l'auteur d'une œuvre liant science, histoire, musique et art. Il a publié une quinzaine d'essais, sept romans et sept recueils de poèmes, traduits en une douzaine de langues.

CHRONIQUES
DE L'ESPACE

JEAN-PIERRE LUMINET

CHRONIQUES DE L'ESPACE

Conquête spatiale et exploration de l'Univers

france inter

cherche midi

Ce livre a donné lieu à une série d'émissions diffusées sur France Inter pendant l'été 2019.

https://www.franceinter.fr/emissions/l-aventure-de-la-conquete-spatiale
www.franceinter.fr

ISBN : 978-2-266-30874-8
Dépôt légal : août 2020

1

C'ÉTAIT IL Y A CINQUANTE ANS

Le 21 juillet 1969, à 2 h 56 temps universel, un homme pose pour la première fois le pied sur la Lune. Il s'appelle Neil Armstrong, il est à 384 000 kilomètres de la Terre et prononce cette phrase historique : « C'est un petit pas pour l'homme, mais un bond de géant pour l'humanité. » Vingt minutes après, son compagnon de voyage, Buzz Aldrin, le rejoint sur le sol lunaire tandis que leur collègue Michael Collins reste en orbite à les attendre.

Le cinquantième anniversaire de la prouesse humaine et technologique de la mission *Apollo 11* est l'occasion rêvée de retracer la fabuleuse épopée de l'exploration spatiale. Que s'est-il passé avant, que s'est-il passé depuis, que se passera-t-il demain ? Quarante chroniques ne seront pas de trop pour un sujet aussi vaste que l'Univers.

L'idée d'envoyer une machine ou un être humain dans l'espace est évoquée par des penseurs et des romanciers plusieurs centaines d'années avant que cela devienne matériellement possible. Au cours de la seconde moitié du XXe siècle, grâce au développement de fusées adéquates, l'idée est passée du rêve à la réalité. L'histoire du vol spatial est marquée à ses débuts par une forte rivalité entre les États-Unis et l'Union soviétique, pour des motifs de prestige national et d'intimidation liés à la guerre froide. Le point d'orgue est atteint avec les premiers hommes sur la Lune lors du programme *Apollo*. L'exploit n'a pas été réédité depuis. Au cours des décennies suivantes, les agences spatiales se sont plutôt concentrées sur la mise en place de moyens durables d'exploration, comme les navettes et les stations orbitales. Les objectifs comprennent l'étude rapprochée des objets du système solaire à l'aide de sondes robotisées. Ils recouvrent aussi l'étude à distance de l'Univers plus lointain et physiquement inaccessible, grâce aux télescopes en orbite. Le paysage a donc beaucoup changé : les luttes idéologiques ont fait place à la collaboration internationale, le lancement de satellites s'est étendu au secteur privé, au point que plusieurs entreprises tentent aujourd'hui de développer le tourisme spatial. Abandonnés depuis quarante ans, les ambitieux projets de colonisation de la Lune ou de Mars, voire de voyage vers les plus proches étoiles, sont remis au goût du jour, sans aucune certitude sur leur faisabilité à court terme. Le volontarisme des États a pris du plomb dans l'aile, mais les missions spatiales demeurent nombreuses, alimentées par les rêves de scientifiques et les mannes de richissimes entrepreneurs. Dans l'opinion publique, certains en appellent à renouer avec l'esprit de conquête, d'autres en soulignent la possible vacuité.

Rouvrons donc ensemble les horizons d'une humanité trop souvent occupée à regarder l'écran de ses ordinateurs et de ses smartphones. Car le véritable, grand et noble objectif de l'exploration spatiale, ce n'est pas de conquérir, mais de comprendre. Et en comprenant ce qui nous est étranger et lointain, nous nous comprenons mieux nous-mêmes.

Savez-vous par exemple que notre Lune est née d'une collision entre une planète vagabonde et la jeune Terre il y a quatre milliards et demi d'années ? que les astéroïdes sont les futures mines de l'espace ? Que les satellites de Jupiter et de Saturne sont couverts de glace sous laquelle des océans d'eau liquide abritent peut-être des formes de vie primitive ?

Qu'il y a mille milliards de planètes dans une galaxie et mille milliards de galaxies dans l'Univers observable, et que beaucoup de ces planètes ressemblent à notre planète Terre au point d'héberger peut-être des êtres bien plus évolués que nous ?

Savez-vous encore que des trous noirs peuvent entrer en collision et faire vibrer l'espace avec des ondes de gravitation ? que l'Univers se dilate depuis près de quatorze milliards d'années et que sa vitesse d'expansion s'accélère ? que plus on voyage vite, moins on vieillit ? qu'il existe peut-être des raccourcis pour voyager à l'autre bout de l'Univers ?

Toutes ces choses étonnantes et extraordinaires viennent de l'exploration spatiale, sans laquelle nous ne les aurions jamais découvertes.

2

Utopies célestes

Le rêve de quitter la Terre et de voyager dans l'espace a toujours existé. Souvenez-vous du mythe d'Icare, le premier homme à s'élever dans les airs pour s'évader du labyrinthe. Mais son orgueil le fait se rapprocher trop près du Soleil : ses ailes collées à la cire se mettent à fondre, et Icare retombe vertigineusement… Profonde et cruelle métaphore de la condition humaine !

Dans deux romans rédigés au IIe siècle, le Grec Lucien de Samosate conte de manière fantaisiste des voyages sur la Lune, mais à aucun moment les trajets relatés n'ont recours à une technologie vraisemblable. Ce n'est pas encore de la science-fiction, c'est une utopie, exercice philosophique permettant de prendre du recul pour critiquer la société de son époque.

Au Moyen Âge, le voyage céleste devient un exercice mystique. Il s'agit de rejoindre l'empyrée – la demeure de Dieu, des anges et des bienheureux. Voilà pourquoi, dans sa *Divine Comédie*, le poète Dante traverse le ciel sans même le regarder…

À la Renaissance, l'attitude de l'homme face au ciel se fait plus hardie. Le philosophe Giordano Bruno exprime pour la première fois l'ivresse du vol, la joie du voyage sans retour : « C'est donc vers l'air que je déploie mes ailes confiantes. Ne craignant nul obstacle, je fends les cieux et m'érige à l'infini. Et tandis que de ce globe je m'élève vers d'autres globes et pénètre au-delà par le champ éthéré, je laisse derrière moi ce que d'autres voient de loin », écrit-il avant d'être brûlé vif par l'Inquisition en l'an de grâce 1600.

Peu après, Galilée découvre à la lunette astronomique le relief de la Lune, prouvant qu'elle est de même nature que la Terre. Son contemporain, le génial Johannes Kepler, s'enthousiasme et entrevoit les voyages interplanétaires. Il lui écrit : « Créons des navires et des voiles adaptés à l'éther, et il y aura un grand nombre de gens pour n'avoir pas peur des déserts du vide. En attendant, nous préparerons, pour les hardis navigateurs du ciel, des cartes des corps célestes ; je le ferai pour la Lune et toi, Galilée, pour Jupiter. »

Mais par quels moyens se rendre sur la Lune ? Suivant les goûts de chacun, ce peut être à l'aide d'esprits ou d'anges, d'oiseaux, d'ailes attachées au corps, ou en utilisant une voiture volante.

Dans *Le Songe*, publié en 1634 à titre posthume, Kepler transporte ses voyageurs sur la Lune à la faveur d'une éclipse et à l'aide d'herbes magiques. Derrière l'apparente fantaisie, c'est en réalité la première description d'une expédition astronautique. Les navigateurs de l'espace sont sélectionnés et préparés par des démons, tout comme les cosmonautes du programme *Apollo* le seront par les dénommés « sorciers » de la Nasa.

Après Kepler, le thème du voyage cosmique devient un genre littéraire à part entière et s'enrichit de mille parures. En 1638, dans *L'Homme dans la Lune*, de l'évêque anglais Francis Godwin, le héros est emporté par un équipage de grands oiseaux. Le plus inventif est Cyrano de Bergerac. Dans *Histoire comique des États et empires de la Lune*, il décrit huit techniques pour voler jusqu'à la Lune et quatre pour atteindre le Soleil. L'une utilise des fioles pleines de rosée attachées autour de son corps – car la rosée est naturellement aspirée par le Soleil ; une autre de la moelle de bœuf dont on s'enduit le corps, étant entendu que la Lune suce la moelle des animaux ; il propose surtout un système de fusées à poudre dont les mises à feu successives permettent au héros de s'envoler dans les cieux, anticipant ainsi les fusées à étages modernes.

En 1670, de son côté, Francesco Lana de Terzi imagine une barque suspendue à quatre sphères métalliques où l'on a fait le vide : le principe des ballons plus légers que l'air est posé.

Le voyage aérien est dans l'heureuse période de ses débuts. Les moyens utilisés pour vaincre la pesanteur et autres résistances physiques ont une fantaisie qui fait leur charme. Ce ne sont encore que des artifices à visée littéraire et philosophique. Le temps du voyage imaginaire à visée scientifique n'est pas encore venu. Il faudra attendre Jules Verne.

3

La conquête imaginaire de l'espace

Loin de la vision spatiale que nous en avons aujourd'hui, les premières fusées ont été des armes, inventées en Chine aux alentours du XIIIe siècle. Ce ne sont alors que des tubes de carton contenant de la poudre, dont les tirs très aléatoires sont dangereux même pour ceux qui les allument.

C'est en 1500 qu'aurait eu lieu la première tentative de lancement d'un être humain à l'aide de fusées. Wan Hu, un fonctionnaire chinois, serait monté sur une chaise équipée de 47 fusées dans l'espoir d'atteindre la Lune. Il n'en est évidemment pas sorti vivant ! Par la suite, les Chinois améliorent la technique des fusées en leur ajoutant des baguettes de guidage et des ailettes de stabilisation, ou en utilisant des cylindres de fer plutôt que du carton, ce qui les rend plus sûres, stables et puissantes. Mais les développements de l'artillerie classique conduisent à des armes plus efficaces, et les fusées ne servent plus qu'à faire de jolis feux d'artifice.

C'est à la fin du XVIIIe siècle qu'en Occident la science et la technique triomphantes laissent entrevoir la possibilité concrète d'explorer le ciel, à l'aide d'appareils plus légers que l'air. L'aventure commence en France avec Pilâtre de Rozier. En 1783, il est le premier être humain à s'envoler à 1 000 mètres de hauteur et à revenir sain et sauf, à bord du ballon à air chaud inventé par les frères Montgolfier.

Dès lors, la conquête de l'air se développe, les auteurs rivalisent d'imagination pour concevoir des moyens techniques de se rendre dans l'espace interplanétaire.

Les romans de Jules Verne en constituent les premiers exemples. Dans *De la Terre à la Lune*, publié en 1865, le héros, Michel Ardan, et deux amis américains sont lancés dans l'espace à l'aide d'un canon géant de 300 mètres de long. Si Jules Verne fait l'erreur de ne pas se rendre compte que les voyageurs seraient tués par l'énorme accélération due au tir, il explique à juste titre que le corps du chien accompagnant les spationautes, largué du vaisseau en mouvement dans l'espace, continue à se déplacer sur une trajectoire parallèle. Ce phénomène, exact mais peu intuitif, montre l'approche scientifique du sujet. Jules Verne poursuit avec *Autour de la Lune*, roman étonnamment prémonitoire par rapport à la mission *Apollo 8*, qui se déroulera un siècle plus tard : l'initiative du voyage sur la Lune a bien été prise par les Américains, le départ de la mission a eu lieu à cap Canaveral, à quelques centaines de kilomètres seulement de l'endroit choisi par Jules Vernc en Floride, il y a bien eu trois astronautes à bord de la capsule et la mission a duré un peu moins d'une semaine. Enfin, au retour, l'engin s'est bien retrouvé dans l'océan après avoir effectué un contournement lunaire !

En 1901, le Britannique Herbert George Wells, le célèbre auteur de *La Machine à explorer le temps*, publie *Les Premiers Hommes dans la Lune*, où il imagine que le voyage dans l'espace est permis grâce à un matériau annulant les effets de la pesanteur, la « cavorite ». Cette forme de matière aux propriétés antigravitantes, à l'époque totalement fantaisiste, nous fait aujourd'hui penser à la mystérieuse énergie sombre qui serait responsable de l'accélération de l'expansion de l'Univers.

Les romans de Jules Verne, Wells, Robida et quelques autres marquent les véritables débuts de la littérature d'anticipation, rebaptisée « science-fiction ».

Le cinéma muet n'est pas en reste dans cette exploration imaginaire de l'espace. Le très célèbre *Voyage dans la Lune*, de Georges Méliès, date de 1902. En Allemagne, Fritz Lang réalise en 1929 *Une femme dans la Lune*. Il a pour conseiller technique un certain Hermann Oberth, ingénieur roumain qui perd son œil gauche lors de l'explosion de la fusée devant faire la publicité du film. Quelques années plus tard, le même Oberth mettra au point les fusées V2, utilisées par l'armée allemande lors de la Seconde Guerre mondiale, prototypes des futurs lanceurs américains et russes. On passera alors du rêve à une inquiétante réalité…

4

Quitter le berceau

« La Terre est le berceau de l'humanité, mais nul ne reste éternellement dans son berceau. »

Vous avez probablement déjà entendu cette phrase célèbre. On la doit à Konstantin Tsiolkovski, un instituteur russe du début du XXe siècle, ardent partisan de l'exploration et de la colonisation de l'espace : « L'homme ne restera pas sur Terre à jamais, mais, toujours en quête de lumière et d'espace, il se hasardera d'abord timidement hors de l'atmosphère, puis fera la conquête du système solaire tout entier », ajoute-t-il. En 1903, il publie le premier traité de fuséologie et explique comment quitter la gravité terrestre pour atteindre le vide de l'espace. Véritable père de l'astronautique moderne, il imagine les fusées à étages, les stations spatiales et l'utilisation de combustibles liquides en remplacement de la poudre qui ne peut pas brûler dans le vide de l'espace.

Quelques années plus tard, un professeur d'université américain nommé Robert Goddard passe à la pratique et s'attache à la réalisation de fusées à propulsion liquide. Il dépose des brevets, on le prend pour un fou, sa première fusée s'élève néanmoins avec élégance dans le ciel en 1932.

En Europe centrale, Hermann Oberth, après s'être passionné pour les romans de Jules Verne, rédige en 1923 une thèse intitulée « La Fusée dans les espaces interplanétaires », pour un doctorat qui lui est refusé. En 1935, il réussit pourtant le lancement d'une fusée à combustible liquide. L'armée nazie l'engage pour travailler sur les missiles balistiques, aux côtés de jeunes ingénieurs allemands passionnés. Wernher von Braun est le plus brillant d'entre eux. Le 3 octobre 1942, il réussit le tir de la première fusée militaire. Baptisée V2, elle franchit pour la première fois le seuil du domaine spatial, c'est-à-dire 80 kilomètres d'altitude. Mais c'est une arme de destruction. Durant la guerre, trois mille exemplaires sont lancés contre les populations de Londres et de Belgique, tuant des milliers de civils. À la chute de Hitler, les Alliés mettent la main sur les stocks de V2 et la documentation technique. Désireux de rattraper leur retard sur l'Allemagne dans le domaine spatial, les États-Unis exfiltrent von Braun pour le faire travailler à leur compte. Sans lui, le programme *Apollo* n'aurait pas réussi à poser des hommes sur la Lune !

L'URSS, la Grande-Bretagne et la France récupèrent aussi des documents et des pièces de V2. Rappelé très affaibli du goulag où les purges staliniennes l'ont conduit, le Russe Sergueï Korolev fonde le programme spatial soviétique. L'objectif est essentiellement militaire, il s'agit de créer des missiles balistiques capables de transporter les bombes nucléaires d'un continent à l'autre. La guerre froide commence et, avec elle, la course à l'espace. La dissuasion nucléaire est un bon prétexte. Elle est d'ailleurs bien réelle, mais le petit feu idéaliste qui brûle à l'arrière-plan de l'esprit des von Braun et autres Korolev les convainc que les fusées à usage militaire seront aussi capables d'amener l'homme dans l'espace.

Un tir du 24 février 1949 emporte une caméra de cinéma à 405 kilomètres d'altitude au-dessus de la Floride et donne le premier aperçu de la rotondité de la Terre, vision qui ne cessera d'émerveiller les futurs astronautes en orbite terrestre. Le rêve est bien là, celui de l'exploration du cosmos lointain, avec comme objectif la station orbitale et la Lune. Mais il y a de nombreux obstacles techniques à surmonter.

Le premier est la vitesse de lancement. Un caillou lancé en l'air retombe sur le sol quelle que soit la force du bras qui le jette ; c'est la force de gravité terrestre qui le ramène au sol. Pour placer en orbite un satellite artificiel sans qu'il retombe, il faut une fusée porteuse capable d'atteindre une vitesse au moins égale à 8 kilomètres par seconde. C'est la vitesse de satellisation, dite aussi « première vitesse cosmique ». Si la fusée porteuse augmente encore sa vitesse, son orbite s'ouvre et sort du puits gravitationnel terrestre. La vitesse minimale au-dessus de laquelle un projectile échappe définitivement à la gravité terrestre est la vitesse de libération, dite aussi « seconde vitesse cosmique ». À la surface de la Terre, elle est de 11,2 kilomètres par seconde. Le premier verrou sera franchi en 1957 par *Spoutnik 1*, le second en 1959 par *Lunik 1*.

5

Spoutnik, *Pioneer*, *Lunik* et les autres

« À toute chose malheur est bon », dit le proverbe. La course à l'espace des années 1960 en est une illustration. Conséquence d'un terrible conflit politique entre les États-Unis et l'Union soviétique, elle aurait probablement été remplacée par une guerre nucléaire si les deux superpuissances n'avaient pas trouvé l'arène spatiale pour croiser symboliquement le fer.

Dans cette rivalité technologique, les premières victoires sont russes. Le 4 octobre 1957, un satellite de 85 kilos est mis en orbite autour de la Terre par le puissant lanceur mis au point par Korolev. Dédié à la géophysique, il se nomme *Spoutnik 1*, ce qui signifie « Compagnon de voyage 1 ». C'est le premier engin à atteindre la vitesse de satellisation, il va tourner plusieurs mois dans l'espace.

À peine un mois plus tard, *Spoutnik 2* fait à son tour sensation. Non seulement sa masse atteint la demi-tonne, mais il a embarqué la chienne Laïka. Elle restera vivante quelques heures avant de mourir par arrêt du système permettant la survie à bord. Le sacrifice de l'animal est caché par les autorités russes, mais l'information essentielle passe : un être humain pourra vivre au moins quelques jours dans l'espace.

Pour les Américains, qui ne croyaient pas l'URSS aussi avancée, c'est un choc, une blessure d'orgueil, un Pearl Harbor technologique. Ils tentent de riposter aussitôt, mais le lancement de leur minisatellite *Pamplemousse* est un désastre. C'est finalement le 31 janvier 1958 que, grâce à la fusée *Jupiter*, de l'ex-ingénieur nazi Wernher von Braun – entre-temps naturalisé américain –, ils réussissent à mettre en orbite un petit satellite de 14 kilos, *Explorer 1*.

Dès lors, la compétition bat son plein. En mai 1958, l'énorme *Spoutnik 3*, soviétique, de près de 1 400 kilos, découvre une zone de fortes radiations située entre 700 et 10 000 kilomètres d'altitude, invivable pour les humains s'ils doivent y rester sans protection : les ceintures de Van Allen.

En octobre, les États-Unis créent leur agence nationale de l'espace, la Nasa, et ouvrent la voie de l'espace profond en propulsant la sonde *Pioneer 1* vers la Lune, avec pour objectif de la toucher. Las, elle s'élève à 120 000 kilomètres, mais, ne disposant pas de la vitesse suffisante, elle retombe. Semi-échec. Succès en décembre lorsqu'ils placent en orbite terrestre un satellite de 4 tonnes qui diffuse un message vocal du président Eisenhower enregistré sur bande magnétique. C'est la première fois qu'une voix humaine vient de l'espace, prouvant qu'un satellite artificiel peut servir de relais radio pour les communications terrestres.

Le 2 janvier 1959, la Russie réplique avec la sonde *Lunik 1* : le verrou de vitesse permettant de se libérer de l'attraction terrestre, 11,2 kilomètres par seconde, saute pour la première fois. *Lunik* rate sa cible d'à peine 6 000 kilomètres mais se met en orbite autour du Soleil, entre la Terre et Mars ! C'est une petite planète artificielle. Le message politique est clair : si nous, Soviétiques, ratons la Lune d'à peine 6 000 kilomètres, imaginez un peu la précision de nos missiles balistiques terrestres…

À leur tour les Américains franchissent le verrou de vitesse avec *Pioneer 4*, qui rate cependant la Lune de 60 000 kilomètres. Le premier tir au but lunaire réussi est celui de la sonde soviétique *Lunik 2* en septembre 1959. Elle y dépose en s'écrasant des pièces métalliques à l'effigie de l'URSS. Désormais l'astre de la nuit n'est plus vierge, d'autant que trois semaines plus tard *Lunik 3* prend les premières photos de sa face cachée.

Enfin, le 19 août 1960, les Russes font sauter un troisième verrou majeur de la conquête spatiale, consistant à envoyer un engin dans l'espace et à le récupérer sur Terre. C'est *Spoutnik 5*, une masse de près de 5 tonnes. Mais là où la surprise est de taille, c'est que la capsule a embarqué deux chiennes, qui rentreront vivantes. On est désormais certains que les humains pourront voyager dans l'espace et revenir sur Terre sains et saufs.

Sur une base aérienne russe, un pilote de chasse trépigne d'impatience. Il s'appelle Iouri Gagarine.

6

De Gagarine à Kennedy

Après la récupération réussie d'animaux envoyés dans l'espace, toute l'attention est désormais tendue vers un seul objectif : l'homme. Aux États-Unis, le programme *Mercury* fait l'objet d'une propagande effrénée. On se pose la question de savoir qui embarquer : un condamné à mort gracié, un acrobate de cirque, un voltigeur aérien ? On se rabat finalement sur le pilote de chasse, dont la discipline est à toute épreuve. Le film *L'Étoffe des héros*, de Philip Kaufman, est un document très réaliste sur les problèmes de la sélection. La Nasa prévoit le lancement d'une capsule habitée pour la fin avril 1961.

Le programme russe, lui, est beaucoup plus discret mais suit le même chemin en sélectionnant le profil du candidat idéal : un bon soldat avant tout. Il est vrai que les chances de réussite du lancement ne sont à l'époque que de 50 %. Après une sélection féroce, le pilote de chasse Iouri Gagarine fait partie, avec son collègue Guerman Titov, des deux derniers candidats au premier vol humain orbital de l'histoire. La commission tranche en faveur de Gagarine, dont les origines plus modestes symbolisent l'« idéal de l'égalité soviétique ». Déçu, Titov ne bronche pas, mais il ne félicite pas Gagarine comme il serait d'usage. Le 12 avril à 8 h 40, l'agence Tass annonce qu'un homme a pris place à bord de *Vostok 1*, un vaisseau spatial de 4,5 tonnes. Gagarine a accompli une révolution complète autour de la Terre durant cent huit minutes, en orbite basse, atteignant 327 kilomètres d'altitude, et il a été récupéré vivant sur le territoire de l'URSS. La grande histoire de l'exploration spatiale a désormais son Christophe Colomb.

Dans le monde, c'est la stupeur. Après le camouflet de *Spoutnik 1*, l'URSS a de nouveau damé le pion aux Américains. En toute hâte, ces derniers expédient le 5 mai Alan Shepard à 180 kilomètres d'altitude, mais dans un petit bond balistique d'à peine quinze minutes. Les Russes, eux, frappent encore plus fort au mois d'août. Gagarine n'a séjourné dans l'espace que le temps d'une orbite. Le deuxième vol de *Vostok*, lui, va durer vingt-cinq heures, soit dix-sept orbites. Titov tient sa revanche, mais la mission ne se déroule pas sans quelques péripéties. Au bout de quelques tours de Terre, le cosmonaute ressent pour la première fois le mal de l'espace. Il parvient malgré tout à filmer durant dix minutes l'horizon courbe de notre planète. Une grande première à nouveau. Son état s'améliore, il boucle la dernière orbite, s'éjecte du module de descente et regagne le sol en parachute et en parfaite santé. Il a vingt-cinq ans. Titov reste à ce jour le plus jeune être humain à être allé dans l'espace.

Ce n'est que six mois plus tard, le 20 février 1962, qu'un Américain embarqué dans une petite capsule *Mercury* fait trois tours de Terre en orbite et est récupéré en mer. Le major John Glenn est célébré comme un héros national avec le même élan que Gagarine en Russie. Différence de taille cependant : alors que Gagarine va poursuivre son métier de pilote de chasse pour se tuer à 34 ans lors du crash de son Mig 15, John Glenn va entamer une carrière politique et finira sénateur.

Piqués au vif par les Soviétiques, qui ont pris plusieurs longueurs d'avance dans la conquête spatiale, les Américains se disent que, pour surpasser les exploits de leur ennemi politique, il ne leur reste que la Lune. Wernher von Braun, devenu directeur de la Nasa, déclare que, « pour rester au niveau, les États-Unis devront courir comme un diable ». Le 25 mai 1962, le jeune président américain John Fitzgerald Kennedy prononce à Houston son fameux discours « Nous choisissons d'aller sur la Lune », donnant le coup d'envoi du programme *Apollo*. Il reprend et élargit l'idée exprimée un an plus tôt lors de son discours au Congrès : « Notre nation doit s'engager à faire atterrir l'homme sur la Lune et à le ramener sur Terre sain et sauf avant la fin de la décennie. »

Un petit souvenir personnel pour conclure : en 1962, j'ai onze ans, on m'offre mon premier tourne-disque ; et je me souviens encore du choc ressenti à l'écoute d'un petit 45 tours du groupe britannique Les Tornados et d'un morceau en particulier qui sonne étrangement, « Telstar ». Je ne savais pas alors qu'il s'agissait du premier satellite opérationnel de télécommunications. Lancé la même année par les États-Unis en orbite terrestre basse, il a assuré la première retransmission de télévision en direct entre l'Europe et l'Amérique. Pas étonnant que j'aie eu l'impression de planer dans l'espace.

7

Animaux dans l'espace

Avant que des êtres humains soient embarqués dans l'espace, ce sont nos amis les animaux qui ont servi de cobayes. Le 19 septembre 1783 déjà, un coq, un mouton et un canard font l'expérience du premier vol habité en montgolfière. Cela se passe devant le château de Versailles, en présence du roi Louis XVI. Leur nacelle s'élève jusqu'à 480 mètres de hauteur avant de redescendre, ils sont recueillis bien vivants.

L'aventure spatiale du XXe siècle va offrir un scénario identique, à ceci près qu'un vol à bord d'une fusée ou d'un satellite artificiel est autrement périlleux qu'une simple ascension en ballon dans la basse atmosphère. Au départ, les scientifiques ne savent pas si l'être humain peut survivre aux fortes accélérations de départ et aux longs séjours en apesanteur. Dès 1948, Américains et Soviétiques commencent donc à expérimenter avec des animaux. Les Russes utilisent d'abord des lapins, des rats et des souris pour des vols sans retour, puis des chiennes, qu'ils tentent de ramener vivantes sur Terre. Les Américains préfèrent les singes, dont la physiologie est plus proche de celle de l'homme. Nombre d'entre eux sont sacrifiés au nom de la science, lors des phases de décollage, de retour au sol des fusées ou dans les vols orbitaux.

C'est ainsi que, le 3 novembre 1957, une chienne noir et blanc nommée Laïka embarque à bord de *Spoutnik 2*. Le lancement est effectué sans tests préliminaires et dans la précipitation, s'agissant de damer le pion aux Américains. Le satellite atteint effectivement son orbite, Laïka est le premier être vivant à voyager dans l'espace interplanétaire. Las, il n'a jamais été prévu que *Spoutnik 2* revienne. Équipée d'une combinaison de cosmonaute et enfermée dans un petit habitacle, Laïka s'affole au décollage, son cœur bat la chamade. Après la mise sur orbite, la température de la capsule monte à 41 degrés. Laïka met cinq heures à mourir de déshydratation, de chaleur et de convulsions. *Spoutnik 2* se consumera dans l'atmosphère quelques mois plus tard. Quarante ans après, une statue a été érigée à Moscou en l'honneur de Laïka. On lui devait bien cela.

Heureusement, beaucoup d'animaux ont survécu. C'est notamment le cas avec la mission *Spoutnik 5*, en 1960, qui embarque 2 chiennes nommées Belka et Strelka, 40 souris, 2 rats, des centaines d'insectes, des végétaux tels que maïs, blé, oignons et champignons, des bactéries et des préparations de peau humaine. Tous sont récupérés sur Terre en parfait état. Strelka a plus tard donné naissance à 6 chiots, dont l'un a été offert à John Kennedy pour son fils !

C'est aussi le cas de nombreux singes des missions américaines, à l'instar de Ham, un chimpanzé bonobo qui s'envole en 1961 de cap Canaveral pour un vol de seize minutes et devient le premier être vivant à contempler la Terre de l'espace. Ou encore du chimpanzé Enos à bord d'une capsule *Mercury* qui le met en orbite autour de la Terre. L'engin est récupéré en mer et le singe est sauf. Grâce à lui, des centaines d'améliorations vont être apportées à la fusée et à la capsule, permettant la réussite du vol d'Alan Shepard, qui, la même année 1961, sera le premier humain américain envoyé dans l'espace.

Toujours en 1961, la France utilise pour sa part sa petite fusée *Véronique* pour lancer une capsule balistique habitée par le rat Hector, et en 1963 c'est au tour du chat Félix. Les deux ont été récupérés vivants.

Le clou de la ménagerie spatiale se passe en 1968 lorsque les Soviétiques envoient la sonde *Zond 6* effectuer un tour de Lune. Elle transporte des insectes et des tortues, contourne notre satellite naturel et retourne sur Terre. Grâce à un choix subtil d'orbite, la sonde revient avec une décélération acceptable pour un humain, mais elle s'écrase à l'arrivée sur le territoire de l'URSS. Tous les animaux périssent. Alekseï Leonov, qui trois ans auparavant avait été le premier piéton de l'espace, avait fait des pieds et des mains pour participer au vol. Heureusement pour lui, le chef de mission avait refusé, conscient que le vaisseau n'était pas prêt !

De nombreux autres vols habités par des animaux se sont déroulés jusqu'en 1996 avec de moins en moins d'accidents. Sans ces héros bien involontaires de l'espace, la conquête spatiale n'aurait pas été aussi rapide et aurait provoqué de nombreuses pertes humaines. Les noms de Iouri Gagarine et Neil Armstrong restent dans toutes les mémoires. Mais qui se souvient des singes Albert, Gordo, Sam, Yorick, Mike, des chiennes Dezik, Lisa, Pchelka, et de centaines d'autres qui ne portaient même pas de nom ?

8

Objectif Lune

1962. La guerre froide bat son plein, exacerbée par la crise des missiles de Cuba. Les activités spatiales militaires permettent de développer au pas de charge toute la panoplie des technologies nécessaires pour envoyer un homme sur la Lune. Côté américain, les programmes *Gemini* et *Apollo* se voient attribuer des budgets colossaux. Côté russe, la station orbitale permanente devient l'objectif à long terme, sans toutefois écarter la Lune des projets immédiats.

Une cinquantaine de missions lunaires américaines et soviétiques vont ainsi se dérouler dans les quinze années qui suivent. Certaines placent en orbite lunaire des satellites transmettant des photographies détaillées de la surface, d'autres font atterrir des modules capables d'analyser le sol de notre satellite naturel.

En 1966, *Lunik 9* réussit la très délicate manœuvre de l'alunissage en douceur. Le premier drapeau à « flotter » sur la Lune est soviétique ! Pour ne pas rester en arrière, les Américains réussissent à leur tour l'alunissage avec la sonde *Surveyor 1*, et à peine un an plus tard *Surveyor 6* est le premier module capable de redécoller. Cinq sondes *Lunar Orbiter* sont placées en orbite pour cartographier 99 % de la surface lunaire et définir les sites d'alunissage des missions *Apollo*.

Pour des raisons de mécanique céleste, le voyage Terre-Lune aller-retour se présente de façon optimale lors de certaines fenêtres de tir périodiques et prévisibles. Une fenêtre se présente fin décembre 1968. Le premier vol humain en orbite lunaire est réalisé par le vaisseau *Apollo 8*, dont les trois membres d'équipage passent Noël à 380 000 kilomètres de chez eux. Les missions s'enchaînent avec succès. En mai 1969, *Apollo 10* se met en orbite lunaire et teste toutes les manœuvres conçues pour l'alunissage.

Enfin le 21 juillet 1969, *Apollo 11* dépose le module *Eagle* sur la mer de la Tranquillité. Neil Armstrong et Buzz Aldrin sont les premiers hommes à marcher sur la Lune. Six cents millions de téléspectateurs assistent en direct au spectacle. La mission semble bien se dérouler, mais la réalité est toute différente. Pendant la descente du module, l'ordinateur sature et tombe en panne. Armstrong ne reconnaît pas le site d'alunissage mémorisé pendant l'entraînement. On est à 12 kilomètres du point prévu. Il faut improviser, il reste à peine quarante secondes de carburant. Armstrong réussit malgré tout l'alunissage en mode manuel. Une fois au sol, les deux marcheurs lunaires font des prises de vue, récoltent 22 kilos de roches, se livrent à diverses expériences physiques et veulent prolonger la balade alors qu'il ne leur reste qu'une demi-heure d'oxygène. Sur Terre, les opérateurs de la Nasa hurlent : « Vous voulez qu'il y ait un mort ? Rentrez tout de suite ! » Leur promenade aura duré deux heures trente.

La mission *Apollo 11*, réussie quelques mois avant la date butoir donnée par Kennedy, est aujourd'hui encore considérée comme l'événement le plus important de la conquête spatiale. Le programme *Apollo* va se poursuivre jusqu'à la mission numéro *17*, de décembre 1972. Au total, une douzaine d'astronautes américains se sont déplacés, à pied ou en jeep, à la surface de la Lune, et ont rapporté 382 kilos de roches lunaires extraites de six régions différentes, à comparer aux 336 grammes ramenés sur Terre à la même époque par les missions soviétiques du programme *Lunik*, équipées pour leur part de prodigieux automates.

Entre-temps cependant, l'intérêt du public a vite diminué. Des voix se sont élevées contre le coût du programme, des restrictions budgétaires ont été votées par le Congrès américain. Depuis 1972, plus aucun astronaute ne s'est éloigné de plus de quelques centaines de kilomètres de la Terre.

Or l'aventure a été exceptionnelle, tant sur le plan scientifique que culturel. Certes, l'exploration de la Lune peut s'effectuer à moindres coûts et à moindres risques sans l'intervention physique de l'homme. Mais aucune sonde automatique n'est en mesure de traduire ce que le poète Archibald MacLeish a exprimé dans cette une du *New York Times* parue le jour de Noël 1968 : « Contempler la Terre telle qu'elle est réellement, petit joyau bleu flottant dans un silence éternel, c'est réaliser que nous sommes des passagers solidaires de la Terre, frères pour l'éternité sur cette beauté multicolore au milieu du froid éternel, frères qui réalisent maintenant qu'ils sont vraiment frères. »

Cinquante ans plus tard, nous sommes encore très loin de cette fraternité rêvée.

9

RÊVES D'UNIVERS

« Nous rêvons de voyages à travers l'Univers, mais l'Univers n'est-il pas en nous ? » s'interroge en 1793 le poète allemand Novalis. Dans sa *Poétique de l'espace* de 1957, Gaston Bachelard évoque à son tour le double univers du cosmos et des profondeurs de l'âme humaine. Science et poésie peuvent faire bon ménage, l'astronomie et l'exploration spatiale étant particulièrement propices aux rêveries poétiques.

Je vous propose une brève promenade dans le jardin enchanté de la poésie cosmique avec quatre textes peu connus. Le premier est extrait d'un grand rêve cosmique intitulé *La Comète*, publié en 1820 par l'Allemand Jean-Paul Richter : « Bientôt ne resta plus de notre ciel que le Soleil, semblable à une petite étoile, et les flammèches de quelques queues de comètes qui s'en approchaient. Nous passions maintenant entre les soleils d'un vol si rapide qu'à peine ils prenaient un instant à nos yeux la grandeur de lunes, avant de se fondre, derrière nous, en infimes nébuleuses ; et leurs terres, sur notre passage accéléré, ne nous apparaissaient pas. Enfin, le soleil de notre Terre, Sirius, toutes les constellations et la Voie lactée de notre ciel ne furent plus sous nos pieds qu'une claire nébuleuse au milieu de petites nuées plus lointaines. Ainsi traversions-nous les solitudes étoilées ; les cieux, successivement, s'épanouissaient devant nous et se resserraient derrière nous – et des voies lactées s'accumulaient dans le lointain, comme l'Arc de Triomphe de l'Esprit infini. »

Le deuxième texte est dû à la plume féconde de Blaise Cendrars, grand poète et navigateur devant l'Éternel. En 1926, il écrit *L'Eubage*, voyage intersidéral au cours duquel des marins lèvent l'ancre et se rendent dans les parages du ciel : « Nous quittâmes la Terre pour entrer dans cet océan de lumière solaire qu'est notre atmosphère respirable. Ayant atteint ses extrêmes limites, nous nous engageâmes résolument dans les rapides de la région de l'ozone. Nous allions si vite que nous ne pouvions estimer la vitesse acquise et qu'il nous semblait rester immobiles. La Terre était invisible dans notre sillage et, devant nous, les astres n'existaient plus. Enfin, nous fîmes la grande chute dans le vide, éclaboussés par une écume d'étoiles. »

Dès l'envol du premier cosmonaute russe, en 1961, le poète Charles Dobzynski s'enthousiasme. Dans son *Opéra de l'espace*, sa description du décollage d'une fusée réconcilie la poésie la plus pure avec la technologie la plus aride – celle des propulseurs : « Puissance de l'air lourd, musculature du métal dans le faisceau de la fusée attelée à la foudre, ramification d'éclats et d'explosions dans l'épiderme atmosphérique, avez-vous entendu la stridence de l'astronef striant ce que l'on nommait dérisoirement l'éther ? Oisellerie de flammes, l'astronef s'enfonce dans l'infini avec cet abandon tranquille du dormeur ou du noyé. Le vide est chair, et dans ce ventre sans parois l'astronef-graine fonde le futur. »

Mais tous les poètes ne sont pas aussi sensibles à l'aventure spatiale. L'exploit d'*Apollo 11*, en 1969, consterne même certains, à l'instar de Claude Roy :

« La Lune un peu fâchée de ne plus être
intéressante
cherche le nom de cet Américain qui marchait
sur sa croûte
C'était nouveau
C'est très vieux maintenant
La Lune se sent bien seule dans le ciel de l'été
Aucun Américain ne marche sur son sol
La Lune est démodée ».

Vision désabusée qui contraste avec celle de l'astronaute William Anders. Lors de la mission *Apollo 8*, de décembre 1968, il prend la célèbre photographie montrant un lever de Terre à partir de la surface lunaire et commente : « Nous avons fait tout ce chemin pour explorer la Lune, mais le plus important, c'est que nous avons découvert la Terre. » Belle et profonde formule qui fait écho à la parole poétique de Novalis.

L'histoire universelle de la poésie montre bel et bien que, de Dante à René Char, en passant par Ronsard, Shakespeare ou Victor Hugo, les poètes de tous les temps et de tous les pays n'ont cessé d'interroger le ciel pour y trouver des réponses aux questions que l'on se pose sur Terre. N'est-ce pas finalement la même démarche que celle de l'exploration spatiale ?

10

ANECDOTES SPATIALES

Il y a la grande histoire de l'exploration spatiale, et puis il y a la petite, celle qui se raconte plaisamment, qui met en avant des détails secondaires mais inattendus de l'action principale. En voici quelques anecdotes.

En 1961, la rentrée atmosphérique du vaisseau russe *Vostok 2* manque de tourner à la catastrophe. Le module de service ne se détache pas du module de descente et la séparation n'a lieu que tardivement. Guerman Titov réussit de justesse à s'éjecter, mais son parachute manque de débouler sur un train de marchandises en marche. Arrivé enfin au sol sain et sauf, il s'empare d'une grosse canette de bière et, devant un comité d'accueil médusé, il la siffle d'un trait pour se remettre de ses émotions.

Autre incartade au strict règlement alimentaire due à l'Américain John Young au cours de la mission *Gemini 3* : il emporte en cachette dans la poche de sa combinaison un sandwich au corned-beef et commence à le manger sous les yeux effarés de son copilote. L'affaire fait scandale, John Young est réprimandé, ce qui ne l'empêchera pas quelques années plus tard de commander la mission *Apollo 16*, au cours de laquelle il va rester soixante et onze heures à la surface de la Lune ! Et après moult rapports et commissions d'experts, le corned-beef sera officiellement autorisé dans les navettes spatiales en 1981.

Autres fantaisies qui ne sont plus d'ordre culinaire : Neil Armstrong, le héros impavide de la mission *Apollo 11* et premier homme à marcher sur la Lune, aurait pour sa part secrètement emporté un ours en peluche.

Marcheur lunaire et commandant de la mission *Apollo 14*, Alan Shepard a demandé la permission de jouer au golf sur l'astre des nuits. Autorisation accordée. On n'a jamais retrouvé la balle.

Le dernier touriste de l'espace – en date de 2009, le Québécois Guy Laliberté – a été accordéoniste, échassier et cracheur de feu avant de faire fortune en créant le cirque du Soleil. C'est lui qui a payé le plus cher son ticket : trente-cinq millions de dollars pour un vol de douze jours. Il s'est collé un nez rouge avant d'embarquer.

Buzz Aldrin, le second homme à marcher sur la Lune, a affronté un jour un de ces illuminés qui prétendent que personne n'y a jamais été et que tous les reportages ont été réalisés en studio par Stanley Kubrick. Il ne s'est pas embarrassé de diplomatie et a allongé un grand pain sur le nez de l'individu.

À la fin de la fameuse mission lunaire *Apollo 11*, quand il s'est agi d'allumer le moteur de remontée vers le module de commande, le même Buzz Aldrin constate que la petite manette du bouton est cassée. Il y a juste un trou à la place et les connexions électriques sont inaccessibles. Heureusement, Aldrin a emporté un stylo-bille, et il se sert de la pointe pour enclencher le contact.

À propos de stylo… vous savez que les stylos-bille ordinaires ne fonctionnent pas dans l'espace en l'absence de gravité ? Or il faut bien écrire. Comment faire ? Au départ, Russes et Américains ont utilisé des crayons, avec le risque de voir des bouts de graphite se détacher et dérégler l'électronique de bord, ou bien finir dans l'œil d'un astronaute. C'est alors qu'en 1965 Paul Fisher met au point un stylo très spécial, qu'il vend à la Nasa trois dollars l'unité. Pas cher, mais l'opération lui permet de faire fortune. Le Fisher Space Pen ne bave pas, ne dérape pas, il écrit sur toutes les surfaces, glacées, grasses ou mouillées. La durée de vie de son encre est de cent ans, il peut écrire un million et demi de caractères, fonctionne la bille en l'air, résiste aux températures extrêmes comprises entre moins 50 degrés et plus 120 degrés et, bien sûr, il écrit parfaitement en apesanteur.

On voit souvent des publicités à la télévision vantant des produits high-tech prétendument testés par la Nasa. Cela va du coussin à mémoire de forme à la couverture de survie en montagne, en passant par le slip hygiénique ou le ballon de la Coupe du monde de football 2014. Pour le stylo Fisher Space, vous pourrez l'acquérir en toute confiance le jour où vous ferez du tourisme spatial !

11

PIÉTONS DU COSMOS

Nous sommes le 18 mars 1965. L'URSS lance le vaisseau spatial *Voskhod 2* en orbite terrestre avec deux cosmonautes à bord, dont l'ingénieur nommé Alekseï Leonov. Son nom va entrer dans la grande histoire de l'exploration spatiale. Par l'intermédiaire d'un sas ouvert sur le vide, Leonov, équipé d'un scaphandre, effectue la première sortie dans l'espace. Il y passe une vingtaine de minutes, accroché au vaisseau par un simple cordon.

La télévision soviétique retransmet des images en temps réel de l'exploit. On voit le cosmonaute flotter à côté du sas dans l'espace cosmique. La mission frôle cependant le drame. Une fois dans l'espace, la combinaison de Leonov, trop gonflée par la pression, devient rigide et l'empêche de rentrer par la trappe de sortie. Après dix minutes de lutte fébrile, il réussit à ouvrir une valve pour la dégonfler et il peut retourner à bord, pris de vertiges dus à la baisse de pression, mais sain et sauf.

L'événement fait grand bruit. Trois mois plus tard, Edward White fait la première sortie américaine dans l'espace durant seize minutes, s'aidant d'un pistolet à air comprimé pour maîtriser ses mouvements.

Ces deux exploits marquent le début des sorties extravéhiculaires, c'est-à-dire les activités réalisées à l'extérieur d'un véhicule spatial par un astronaute revêtu d'une combinaison. Par la suite et pour des raisons de sécurité, les astronautes effectueront leurs sorties en binôme et resteront attachés au véhicule spatial par un câble, jusqu'à ce qu'en 1984 Bruce McCandless soit le premier à réaliser une sortie autour de la Terre sans être relié au vaisseau, se mouvant dans l'espace au moyen d'un fauteuil équipé de petits propulseurs – auxquels il fallait faire pleinement confiance !

L'homme n'étant pas du tout fait pour vivre dans le vide hostile de l'espace sans équipements spéciaux, la combinaison est cruciale. L'équipement doit fournir à l'astronaute l'oxygène, évacuer le dioxyde de carbone et la vapeur d'eau expirés, et assurer une protection thermique tout en autorisant une mobilité maximale. S'ajoutent généralement à ces fonctions un système de communications, une protection partielle contre les rayons cosmiques et les micrométéorites, et la possibilité pour son occupant de boire. Le piéton de l'espace dispose alors d'une autonomie de huit heures au maximum pour mener à bien des tâches extravéhiculaires nécessitant un outillage adapté au port de la combinaison.

Les premières femmes à sortir dans l'espace ont été une Russe et une Américaine, et en 1988 ce fut le tour d'un Français, Jean-Loup Chrétien, sorti six heures lors d'une mission de la station spatiale russe *Mir*.

Les activités extravéhiculaires les plus spectaculaires ont évidemment été celles réalisées à six reprises sur le sol lunaire et en duo par des astronautes du programme *Apollo*. Jusqu'alors, toutes les sorties extravéhiculaires avaient été expérimentales, avec les missions lunaires elles revêtent un caractère scientifique : collecte de roches, dépose d'appareils d'observation, prise de centaines de clichés photographiques. Au total, 14 marches lunaires sont effectuées entre 1969 et 1972. Lors des dernières, les randonneurs parcourent de plus grandes distances en voiture, s'éloignant jusqu'à 7 kilomètres du module d'exploration lunaire. Le dernier piéton lunaire a été un géologue.

Outre les sorties sur la Lune, une autre mission extravéhiculaire a présenté un intérêt scientifique majeur lorsqu'en 1993 il a fallu réparer le télescope spatial *Hubble*, mis en orbite autour de la Terre à 600 kilomètres d'altitude. Son miroir principal présentait un défaut qu'il fallait impérativement corriger. Durant cinq jours consécutifs, deux astronautes ont enchaîné des sorties d'une durée de six à huit heures, l'opération a été un éclatant succès. Il y a eu par la suite quatre missions de maintenance, la dernière de 2009 ayant permis de remettre quasiment à neuf le télescope.

À ce jour, environ quatre cents sorties extravéhiculaires ont été effectuées depuis le début de l'ère spatiale, dont un peu plus de la moitié consacrée à l'assemblage et à la maintenance de la *Station spatiale internationale*.

La sortie la plus récente s'est déroulée le 22 mars 2019. Anne McClain et Nick Hague se sont aventurés durant six heures trente dans le vide spatial pour installer des batteries au lithium destinées à remplacer les anciennes. Plusieurs sorties sont prévues pour remplacer à terme toutes les batteries de la station.

Les sorties extravéhiculaires constituant l'aspect le plus spectaculaire des vols spatiaux, on les retrouve dans un certain nombre de récits et films de science-fiction. Au cinéma, *2001 : L'Odyssée de l'espace*, de Stanley Kubrick, tourné en 1968 en pleine période de conquête de la Lune, a marqué les esprits autant par les images que par le silence de la bande-son exprimant celui qui est ressenti dans l'espace. Plus récemment et tourné pour l'essentiel en images de synthèse, le film *Gravity*, d'Alfonso Cuarón, a accordé une grande place aux activités extravéhiculaires, qui, aux dires même de plusieurs astronautes, ont été reconstituées de façon très réaliste. Noter cependant que, contrairement au scénario du film et fort heureusement, aucun accident mortel ne s'est jamais produit lors d'une sortie dans l'espace.

12

DE *MIR* À LA *STATION SPATIALE INTERNATIONALE*

À la fin des années 1960, deux objectifs se présentent aux explorateurs de l'espace : d'une part la Lune, qui est facilement accessible de la Terre après un voyage de trois jours ; d'autre part, faire vivre des hommes dans l'espace pour les préparer aux vols de plusieurs mois, voire plusieurs années vers la planète Mars. Les Soviétiques sont convaincus que cette dernière option est la plus importante sur le long terme, d'autant qu'ils doivent bien admettre leur défaite dans la course à la Lune.

C'est ainsi qu'en 1971, en plein déroulement du programme *Apollo*, la Russie place discrètement en orbite terrestre un nouveau véhicule spatial du nom de *Saliout*, qui veut dire « salut ». Ce gros satellite de 19 tonnes, offrant un espace habitable de 100 mètres cubes pour trois cosmonautes, est la première station spatiale orbitale.

Deux ans plus tard, l'Amérique suit la même voie en plaçant en orbite permanente le troisième étage de sa grande fusée lunaire *Saturn 5*, rhabillée pour l'occasion en une station orbitale baptisée *Skylab*.

Dans ces espaces réduits, les astronautes éprouvent le stress du confinement et de la promiscuité, aggravé par les malaises du début du vol en apesanteur et les difficiles conditions hygiéniques, qui rendent invivables les séjours de longue durée.

C'est avec le lancement de la station orbitale *Mir*, en 1986, que les Soviétiques marquent un pas décisif dans les opérations de survie d'équipages. Avec l'arrimage de cinq modules, la station s'agrandit de façon importante, et une quantité d'améliorations de tous ordres, comme la relève d'équipage et les cargos de ravitaillement, permet d'envisager des vols de plus de six mois.

La station s'ouvre alors aux vols internationaux, dans lesquels les Américains prennent une part très active. Au final, *Mir* sera une grande réussite. Restée quinze ans en orbite, elle a accueilli 103 passagers appartenant à 13 nations, et a permis de faire 23 000 expériences scientifiques dans l'espace.

Mais avec le vieillissement de la station et l'effondrement économique de la Russie, *Mir* est abandonnée en 2000 et se désintègre lors de son retour sur Terre, l'année d'après.

C'est alors que la Nasa conçoit un projet de nouvelle station orbitale internationale, l'*ISS* (*International Space Station*). Son assemblage en orbite commence en 1998. Au cours du temps, différents modules lui sont ajoutés mais, à la suite de nombreux problèmes techniques et budgétaires, sa construction ne s'achève qu'en 2011.

L'*ISS* est le plus grand des objets artificiels placés en orbite terrestre. Elle s'étend sur 110 mètres de longueur, 74 mètres de largeur et 30 mètres de hauteur et a une masse d'environ 400 tonnes. Placée sur une orbite basse comprise entre 350 et 400 kilomètres d'altitude, ce qui neutralise la gravité terrestre, elle offre une plate-forme idéale pour la science de l'espace. Très interdisciplinaire, cette science inclut des domaines aussi divers que la microbiologie, la physique fondamentale, la biologie humaine, l'astronomie, la météorologie et l'observation de la Terre.

Cette station spatiale internationale a cependant de nombreux détracteurs qui lui reprochent son coût, estimé à cent dix milliards de dollars, que ne justifient pas forcément les résultats scientifiques obtenus ou espérés. Les partisans, eux, mettent en avant l'expérience acquise dans le domaine des séjours longue durée dans l'espace en vue de préparer les futures missions martiennes.

Les activités de l'*ISS* devraient s'arrêter en 2024. Elle pourrait être remplacée par une station spatiale orbitale autour de la Lune. C'est un projet de la Nasa pour la prochaine décennie, en coordination avec l'Europe, la Russie, le Canada et le Japon. Construite par petits bouts, elle servirait de relais pour s'aventurer plus loin dans le système solaire. Positionnée environ mille fois plus loin de la Terre que l'*ISS* aujourd'hui, elle ne serait cependant pas habitée en permanence, car autour de la Lune les astronautes ne sont plus protégés par le champ magnétique de la Terre et sont exposés à des bombardements de particules potentiellement très dangereuses.

Si l'homme veut un jour se rendre sur Mars, il faut donc qu'il trouve un autre moyen d'apprendre à survivre plus d'une année dans un environnement spatial hostile. Pour ce faire, la Chine envisage plutôt la construction d'une base à la surface de notre satellite, projet plus complexe à réaliser mais probablement plus pertinent.

13

COMBIEN ÇA COÛTE ?

Combien de fois n'entend-on pas dire que l'argent mis en jeu dans l'exploration spatiale serait mieux dépensé sur Terre, à combattre la pauvreté, la faim dans le monde, les maladies, le réchauffement climatique, la pollution et autres fléaux du monde moderne ?

La question se posait déjà il y a cinquante ans... En 1970, en plein succès du programme *Apollo*, le directeur scientifique de la Nasa, Ernst Stuhlinger, reçoit une lettre de sœur Mary Jucunda, officiant en Zambie, qui lui reproche de dépenser des milliards de dollars pour la recherche spatiale alors que tant d'enfants meurent de faim. Dans une réponse d'anthologie, Stuhlinger détaille longuement les arguments justifiant les dépenses spatiales.

Il explique, par exemple, comment le satellite terrestre artificiel, en orbite autour du globe à très haute altitude, peut observer de vastes aires de terrain en un temps très court, mesurer une grande variété de facteurs indiquant l'état des cultures, du sol, les sécheresses, les précipitations, la couverture de neige, et communiquer ces informations aux stations au sol afin d'améliorer les programmes de production de nourriture.

Il souligne ensuite que, chaque année, un millier d'innovations techniques générées par le programme spatial sont recyclées dans les technologies terrestres. On lui doit, par exemple, les ordinateurs modernes, l'imagerie médicale, la téléphonie mobile et les chaînes de télévision par satellite, les prévisions météo, le guidage automobile par GPS, les mousses à mémoire de forme, les détecteurs de fumée, les airbags de sécurité dans les voitures, des médicaments mis au point en microgravité, et ainsi de suite. Au final, un programme spatial à quelques milliards de dollars apporte tellement de nouvelles technologies que ses retombées au bénéfice de l'humanité dépassent de loin le coût de sa mise en œuvre.

Stuhlinger joint à sa réponse la fameuse photographie montrant une vue de la Terre de la capsule *Apollo 8*, en orbite autour de la Lune au Noël 1968. De tous les résultats du programme spatial, cette photo pourrait être la plus importante : elle a ouvert les yeux sur le caractère fini et unique de notre planète, perdue dans l'immensité du cosmos, qu'il convient dès lors de protéger tant elle semble fragile. L'astronautique a déclenché une prise de « conscience écologique » de l'humanité.

Outre le côté utilitaire des retombées technologiques, dont on peut toujours discuter si elles contribuent au bonheur global de l'espèce humaine, il existe de toute façon un besoin fondamental d'acquérir de nouvelles connaissances en recherche pure. Pour moi, la quête de la connaissance justifie à elle seule la recherche scientifique, même lorsque aucune application pratique ne se profile à l'horizon de quelques générations humaines – étant entendu qu'au-delà on ne peut jamais préjuger.

Avant le programme *Apollo*, l'origine de notre Lune était un mystère. Il a fallu attendre le retour sur Terre d'échantillons de roches lunaires pour trouver une explication compatible avec toutes les analyses. Notre Lune est née d'une collision terrible entre la jeune Terre et une petite planète vagabonde. Le choc a mélangé les matériaux de la croûte terrestre avec ceux du corps impactant, produisant les particularités de la Lune en termes de composition, de structure et d'orbite. Cela s'est passé il y a quatre milliards et demi d'années, et l'on sait combien la Lune a par la suite joué un rôle bénéfique dans l'évolution globale de notre planète, en stabilisant, par exemple, son axe de rotation et en produisant les marées disséminatrices du vivant.

Alors oui, le programme *Apollo* a coûté au total cent cinquante milliards de dollars en valeur actuelle. Mais si on replaçait les sommes engagées dans l'exploration spatiale dans le contexte plus large des finances mondiales ? Cinq cents milliards de dollars sont partis en fumée lors de la crise financière de 2008, déclenchée par les malversations de grandes banques. Deux mille cinq cents milliards de dollars ont été dépensés pour la guerre inique conduite par les Américains en Irak. Et dans les deux cas, on a abouti à une situation pire qu'auparavant.

Dans un registre moins polémique, le chiffre d'affaires annuel du groupe industriel Mars, qui vend barres chocolatées, friandises et chewing-gums, est de soixante milliards de dollars ; c'est soixante fois le budget annuel que toutes les agences spatiales confondues consacrent actuellement à l'exploration de la planète du même nom…

14

La navette spatiale

Début 1969, en pleine euphorie de la réussite des missions lunaires, la Nasa étudie la suite à donner au programme *Apollo*. Plusieurs propositions sont élaborées en interne : station spatiale, base lunaire, expédition vers Mars, navette spatiale. Mais la guerre du Vietnam pèse lourdement sur les budgets. La Nasa est consciente de la nécessité de baisser les coûts. Jusqu'à présent, les fusées, capsules et vaisseaux n'étaient prévus que pour une unique utilisation. L'agence américaine persuade le Congrès, dispensateur de crédits, qu'un véhicule spatial réutilisable va faire tomber le prix de lancement des fusées et stopper les ambitions des rivaux européens et soviétiques.

C'est ainsi que naît la navette spatiale, véritable chef-d'œuvre de technologie fondé sur un modèle d'avion classique avec ailes delta à profil évolutif.

Le décollage de la première navette *Columbia*, en avril 1981, est un grand moment télévisuel. La puissance des boosters à la mise à feu est impressionnante. Après quelques manœuvres en orbite, l'avion-fusée atterrit de façon parfaite sur une base aérienne. Pour la première fois, un équipage revient de l'espace et se pose de la même manière qu'un avion sur une piste.

Cinq modèles de navettes seront fabriqués et voleront entre 1981 et 2011 : *Columbia*, *Discovery*, *Challenger*, *Atlantis* et *Endeavour*.

À leurs débuts, leur mission consiste essentiellement à lancer des satellites commerciaux civils et surtout militaires. Elles placent aussi en orbite haute d'importants télescopes spatiaux, comme le fameux *Hubble Space Telescope* et le satellite à rayons X *Chandra*.

À la fin des années 1990, leur objectif principal devient la desserte de la station spatiale russe *Mir*, puis l'assemblage en orbite des composants de la *Station spatiale internationale*.

Mais au-delà de ses succès scientifiques, le programme va s'avérer être un échec retentissant, à la fois psychologique et commercial. Psychologique d'abord, à cause de deux drames. En 1986, la navette *Challenger*, emmenant sept astronautes, explose soixante-treize secondes après son décollage. Le choc est d'autant plus rude dans l'opinion publique que ce tir était plus médiatisé que les précédents en raison de la présence à bord de la jeune institutrice Christa McAuliffe. L'armée américaine se retire du programme et les navettes sont interdites de vol pendant deux ans et demi, le temps de les améliorer. Un second drame a lieu en 2003 : la navette *Columbia* se disloque lors de son retour au sol, tuant également les sept astronautes du bord.

Échec commercial ensuite. Les tirs de la navette se sont finalement révélés plus coûteux que ceux des fusées classiques. C'est que, non seulement elles ne sont pas remises en état aussi vite qu'espéré entre deux vols, mais le prix des réparations se révèle prohibitif, au point que l'Amérique finit par renoncer à lancer des satellites civils et militaires par ce moyen. La décision est prise de mettre à la retraite la flotte des navettes. Le dernier vol a lieu en juillet 2011.

Au total, les cinq navettes spatiales américaines auront effectué 135 vols sur une période de trente ans.

Les autres nations spatiales ont développé plusieurs projets de navettes, mais la plupart ont été abandonnés en raison de leur complexité et de leur coût prohibitif. Ce fut notamment le cas d'*Hermès*, projet de navette européenne qui devait être lancée par la fusée *Ariane 5*.

En 1988, les Soviétiques ont réussi à lancer une navette entièrement automatisée, sans équipage à bord. Mais à cause de l'effondrement de l'URSS, le programme n'a pu être continué. La navette *Bourane* est devenue propriété du Kazakhstan, incapable économiquement de l'utiliser. Signe de décrépitude, *Bourane* a été détruite en 2002 lorsque le hangar dans lequel elle était stockée s'est effondré…

Depuis, le seul avion spatial piloté et réutilisable à avoir réussi un vol suborbital a été réalisé en 2004 par une entreprise privée. Le vaisseau *SpaceShipOne* a atteint l'altitude de 111 kilomètres avant de se reposer sur sa base de lancement. Ce succès a initialement semé l'espoir d'un développement commercial du tourisme spatial, mais celui-ci se heurte depuis à une suite d'échecs et de déconvenues.

15

Le mal de l'espace

En août 1961, les Soviétiques mettent en orbite *Vostok 2* avec à bord le cosmonaute Guerman Titov, qui va pour la première fois passer une journée entière dans l'espace. Comme la cabine est grande, Titov se détache de son siège et flotte dans l'habitacle en l'absence de pesanteur. Ses mouvements deviennent soudain indécodables par son oreille interne, où se trouve le centre de l'équilibre, son cerveau ne sait plus interpréter sa position sans horizon visuel, les nausées l'envahissent. C'est le mal de l'espace, analogue au banal mal au cœur que nous ressentons en voiture sur une route montagneuse ou en bateau par mer agitée, mais bien plus violent.

Iouri Gagarine, avec son court vol spatial, et les premiers Américains dans leurs très étroites cabines *Mercury*, n'avaient pas eu assez de temps ni d'espace pour éprouver ces malaises. Ces derniers vont désormais affecter plus ou moins fortement tous les astronautes, même si en général le cerveau s'adapte au bout de quelques jours.

Les problèmes vraiment sérieux apparaissent avec les premières missions de longue durée sur les stations orbitales, quand le mal de l'espace devient psychologique. L'organisation de la vie dans un milieu très confiné et inconfortable engendre en effet des conflits avec les contrôleurs au sol, le rejet de planifications excessives, une irritabilité entre les membres d'équipage, qui ne peuvent s'isoler, allant jusqu'à la dépression nerveuse.

C'est avec les stations russes que des progrès significatifs sont faits dans ce domaine. Le ravitaillement en orbite par des cargos automatiques, apportant une nourriture un peu plus soignée et présentable, de l'eau, du carburant, du courrier, des pièces détachées, et l'évacuation des déchets permettent d'augmenter la durée de vie en orbite de façon spectaculaire. Les visites régulières d'équipages, en plus de celui qui est de permanence, contribuent à garder un état psychologique plus équilibré. L'espace « linéaire » est démultiplié, les cosmonautes peuvent s'éloigner les uns des autres pour s'assurer un peu plus d'intimité. Progressivement, la durée des vols augmente et monte à six mois.

Un nouveau problème se présente : certains voyageurs de l'espace se retrouvent prostrés sous prétexte qu'il leur semble que la Terre les oublie. En outre, les phénomènes de décalcification osseuse et les atrophies musculaires engendrent des inadaptations à leur retour sur Terre. Pour y remédier, les stations orbitales sont équipées de salles de sport, où les cosmonautes suivent un entraînement physique constant.

Le Dr Valeri Polyakov est le spationaute qui détient le record du plus long vol spatial de l'histoire de l'humanité, en étant resté plus de quatorze mois d'affilée à bord de la station orbitale *Mir* entre 1994 et 1995. Pour ce faire, il a suivi un entraînement extrêmement rigoureux dans un environnement psychologique très soigné. La présence de la cosmonaute Helena Kondakova pour les six derniers mois de son vol « marathon » a sans doute joué un rôle non négligeable dans la réussite de l'expérience. Polyakov a d'ailleurs paru bien plus en forme au retour sur Terre que sa consœur !

Du côté américain, c'est l'astronaute Scott Kelly qui détient le record de durée, avec un séjour de trois cent quarante jours à bord de la plus confortable *Station spatiale internationale*.

Est-ce suffisant pour se préparer physiologiquement et psychologiquement à un voyage vers Mars ? On peut en douter. Le voyage Terre-Mars dure neuf mois pour l'aller et autant pour le retour, en empruntant les routes directes. Si on ajoute un séjour de trois à six mois sur le sol de la planète rouge, cela donne une mission de près de deux ans. Or naviguer seul loin de la Terre n'est pas du tout la même chose que survoler notre planète tour après tour dans une station orbitale à basse altitude, avec des communications quasi instantanées avec le centre de contrôle, des missions de ravitaillement et des équipages qui viennent régulièrement visiter la station en apportant nouvelles et gâteries. L'équipage permanent sait en outre qu'en cas d'accident la station peut être rapidement évacuée, et le retour sur Terre se fait en moins de trente minutes.

Rien de tel sur un vaisseau en partance vers Mars. Pour l'instant, les robots semblent être la seule option viable. Ils ne dorment pas, ils n'ont pas froid, ils n'ont pas faim, ils ne sont pas distraits, ils n'ont pas le cafard et ils se fichent de l'apesanteur.

Cela n'a pas empêché près de deux cent mille candidats de plus de cent quarante pays de postuler pour devenir les premiers colons martiens à l'horizon 2030, lors de l'expédition Mars One, laquelle s'est avérée être une opération publicitaire dont le degré de crédibilité scientifique et technique est strictement nul.

16

Femmes en orbite

Pionnière de la conquête spatiale, Valentina Terechkova est non seulement la première femme à être allée dans l'espace, mais elle reste, aujourd'hui encore, la seule femme à avoir effectué un vol solitaire en orbite. Son nom, pourtant, ne s'est pas véritablement inscrit dans l'histoire aux côtés de ceux de Iouri Gagarine ou Neil Armstrong.

Nous sommes le 15 juin 1963. Les Russes ont lancé conjointement les deux vaisseaux spatiaux *Vostok 5* et *6* pour un vol jumelé. Dans l'un d'entre eux, la robuste Valentina Terechkova, parachutiste d'essai surnommée « la Mouette », établit la liaison radio avec son homologue masculin. « Nous naviguons à une distance rapprochée. Tous les systèmes de nos vaisseaux fonctionnent normalement. Nous nous portons bien. » Suivent les mots de Nikita Khrouchtchev, premier secrétaire du Parti communiste : « On vous appelle “Mouette”, mais permettez-moi de vous appeler “Valia”. Je suis très fier qu'une fille de chez nous, une jeune fille du pays des soviets, soit la première à voler dans l'espace en possession des moyens techniques les plus perfectionnés. »

Une femme en orbite, c'est un choc pour l'opinion publique mondiale. Les Russes marquent un nouveau point dans la course à l'espace. Il faut néanmoins attendre dix-neuf ans pour qu'une seconde femme aille dans l'espace. Une Russe encore, Svetlana Savitskaya, qui en août 1982 passe une semaine à bord d'un vaisseau *Saliout*.

L'agence spatiale soviétique a reconnu par la suite qu'une tentative d'accouplement humain avait eu lieu à bord, entre Svetlana et l'un des occupants de la station. Ils étaient quatre, on ne sait pas lequel fut l'élu… ou la victime ! Le test était d'essayer de concevoir le premier enfant de l'espace… De retour sur Terre, Svetlana déclara que pendant ce vol elle s'était « bien amusée ! », sans donner plus de précisions, et elle n'aborda plus le sujet par la suite. Elle était déjà mariée avec un pilote d'essai, avec lequel elle eut deux filles bien après l'expérience (qui n'avait pas été concluante). Elle volera à nouveau en 1984, devenant aussi la première femme à effectuer une sortie dans l'espace.

Les Américains, plus misogynes que les Soviétiques, n'ont envoyé leur première astronaute dans l'espace que vingt ans après la Mouette. Ce fut Sally Ride, astrophysicienne de profession, qui s'envola à bord de la navette spatiale *Challenger*. Plus prude aussi, la Nasa démentit une rumeur faisant état d'une expérience sexuelle qui aurait impliqué une certaine Judith Resnik au cours de la mission *Discovery* en 1984. Le deuxième vol de Judith lui fut hélas fatal. Le 28 janvier 1986, la navette spatiale *Challenger* explose soixante-treize secondes après son lancement, tuant une autre passagère, la jeune et courageuse institutrice Christa McAuliffe, avec cinq camarades masculins. Le coup est rude pour l'Amérique, l'envol de passagers non professionnels dans les navettes sera ensuite interdit pour quelques années.

La physiologie féminine a été étudiée à bord de la station spatiale russe *Mir*, mais les sélectionnées ont été beaucoup moins nombreuses que les hommes, la station étant principalement adaptée à l'hygiène masculine. Le plus long séjour d'une femme à bord de *Mir* est le fait d'une astronaute américaine pour un vol de sept mois, juste devant celui de la Russe Helena Kondakova, venue passer six mois pour encadrer la fin du vol « marathon » d'un an et deux mois du Dr Polyakov, en 1995. Elle est ressortie assez éprouvée de son séjour. Ces records sont en passe d'être battus puisque l'astronaute de la Nasa Christina Koch s'est installée en mars 2019 dans la *Station spatiale internationale* pour un séjour de onze mois.

La première et jusqu'à présent unique spationaute française a été la distinguée Claudie André-Deshays, médecin et biologiste. Elle a accompli une mission de seize jours dans la station *Mir* en 1996, puis une de neuf jours dans la station internationale en 2001. Remariée au spationaute Jean-Pierre Haigneré, elle a été nommée ministre déléguée à la Recherche et aux Nouvelles Technologies en 2002.

Anousheh Ansari, pour sa part, a été la première femme touriste de l'espace. Âgée de quarante ans, cette Américaine d'origine iranienne s'est envolée en septembre 2006 pour dix jours. Prix du billet : vingt millions de dollars ! Certains mauvais esprits ont dit que c'était un peu cher pour s'envoyer en l'air.

Pour finir sur une note humoristique, l'astronaute américaine Heidemarie Stefanyshyn-Piper a réalisé en 2008 une première spatiale insolite : alors qu'elle effectuait une sortie extravéhiculaire dans le cadre d'une mission à bord de la navette *Endeavour*, elle a malencontreusement lâché sa trousse dans l'espace ! Il n'y avait pas de rouge à lèvres mais deux pistolets à graisse, un couteau à mastiquer et des moufles…

17

DESTINATION VÉNUS

Ce ne sont pas quarante chroniques mais quatre cents qu'il me faudrait pour retracer l'épopée de l'exploration spatiale dans toute son ampleur. Je vous ai raconté quelques étapes de ce qu'il est convenu d'appeler la « conquête spatiale », qui a culminé avec l'envoi d'êtres humains sur la Lune. Mais je suis astrophysicien et non pas astronaute. Ce qui me passionne par-dessus tout, c'est d'essayer de comprendre les mystères de l'Univers. Alors il est temps pour moi de vous raconter ce que l'exploration spatiale, à travers ses sondes et ses télescopes, a apporté à la connaissance du cosmos qui nous héberge. Ce faisant, je vais devoir faire l'impasse sur des sujets aussi intéressants que la vie à bord des stations orbitales ou encore le programme spatial français, depuis la première fusée *Diamant* jusqu'au succès jamais démenti des lanceurs *Ariane*.

Avec l'avènement de l'ère spatiale, l'homme a progressivement déployé une exploration active en allant chercher l'information là où elle se trouve. On n'attend plus qu'elle tombe passivement dans l'objectif, on va la récolter sur le terrain, comme les grands explorateurs partaient jadis récolter des échantillons de faune et de flore tout autour du monde. Pour l'instant et pour longtemps encore, cette démarche est limitée à la banlieue proche de la Terre qu'est le système solaire.

À ce jour, près de deux cents engins ont été envoyés vers les planètes, avec plus ou moins de succès. Parmi eux, seuls huit sont allés visiter les géantes gazeuses et la lointaine Pluton, tous les autres se sont concentrés sur les planètes internes Mercure, Vénus et Mars. Toutes ces missions ont permis d'innombrables découvertes et quelques surprises remarquables. Ne fût-ce qu'au niveau visuel, les photos des satellites de Jupiter et de Saturne, de l'étonnante Pluton ou des surfaces tourmentées d'astéroïdes, prises par les sondes qui les ont survolés, sont d'une beauté et d'une précision à couper le souffle. Plus émouvantes encore sont les missions suicides qui doivent s'autodétruire pour fournir les données qu'elles sont allées chercher, telle la petite sonde *Galileo* envoyée dans l'atmosphère de Jupiter, qui a collecté et transmis des données pendant cinquante-sept minutes avant d'être broyée par la pression, de fondre et de se vaporiser.

Mercure est la planète la plus proche du Soleil. Sa surface criblée de cratères d'impacts météoritiques ressemble beaucoup à celle de la Lune. L'ensoleillement est dix fois plus fort que sur Terre et il n'y a pas d'atmosphère. Comme Mercure tourne toujours en présentant la même face à notre étoile, côté jour la température atteint 450 degrés, côté nuit elle descend à moins 180 degrés. Un sacré chaud et froid pour le randonneur mercurien ! Difficile d'accès, elle n'a jusqu'à présent été survolée que par deux sondes de la

Nasa : *Mariner 10* et *Messenger*. Une troisième mission, *Bepi-Colombo*, développée conjointement par l'Agence spatiale européenne et son homologue japonaise, est en cours et atteindra Mercure en 2025.

Vénus, la planète la plus proche de la Terre, a été la cible de sondes américaines et soviétiques dès les années 1970, avec les programmes *Pioneer*, *Venera* ou encore *Magellan*. Comme elle fut longtemps symbole de la beauté, déesse de l'Amour et du Printemps mais recouverte de voiles épais, les hommes rêvaient de caresser sa surface.

Le rêve s'est brisé en décembre 1962 : les signaux émis par la sonde *Mariner* ont indiqué que la belle n'était qu'un enfer stérile, brûlant et sans vie. Son atmosphère, composée à 95 % de gaz carbonique, est cent fois plus lourde que celle de la Terre. Des vents de 350 kilomètres par heure emportent d'énormes nuages d'acide sulfurique. Un colossal effet de serre la chauffe à 450 degrés, les jours et les nuits sont perpétuellement torrides. Sous ce brûlant linceul, l'anatomie de Vénus exhibe des plaines bosselées, d'immenses champs de lave jaillis de volcans jadis actifs. Vénus a eu dans son passé de grandes quantités d'eau, mais celle-ci a bouilli. Il pleut souvent, mais c'est de l'acide sulfurique qui tombe en fines gouttes, rongeant la peau, je veux dire celle des robots qui ont été déposés par des missions ultérieures. Les meilleurs n'ont pas tenu plus de vingt minutes. Tous ont confirmé le rapport : Vénus n'est pas le coin idéal pour les vacances !

18

De la vie sur Mars ?

Depuis la première sonde spatiale lancée dans sa direction, en 1964, Mars a été la cible de plus de quarante missions. Même si dans un premier temps beaucoup ont été des échecs, au point que l'on a pu parler d'une « malédiction martienne », on a rapidement acquis la preuve que si la quasi-totalité de sa surface d'aujourd'hui est un désert froid de poussière rougeâtre, la planète justement dite « rouge » a jadis abrité de l'eau liquide. Les clichés cartographiques transmis d'abord par les sondes, puis par les véhicules robotisés, montrent des structures géologiques ressemblant à d'anciens lits de rivières.

On a daté la présence d'eau liquide sur Mars à 3,8 milliards d'années. Puisque l'eau coulait, il existait une atmosphère et la température était supérieure à 0 degré, conditions rendues possibles par un effet de serre dû au dioxyde de carbone. Or, à la même époque et dans les mêmes conditions, la vie s'est développée sur Terre. Pourquoi pas sur Mars ? L'eau liquide a cependant vite disparu de la planète rouge en raison de l'extinction des volcans : leurs éruptions n'ont plus nourri l'atmosphère, celle-ci s'est dispersée dans l'espace en raison de la faible gravité martienne. Les mers se sont asséchées, et si une vie bactérienne primitive les a peuplées, elle n'a pas pu évoluer et survivre. Il ne reste en surface plus que de l'eau à l'état de glace dans les calottes polaires et il y fait désormais très froid : moins 60 degrés en moyenne.

Les missions martiennes en cours et futures ont donc pour but de chercher d'éventuelles bactéries fossiles. Le succès n'est aucunement garanti, mais l'enjeu, à la fois scientifique et philosophique, est énorme : si on en trouve, cela impliquera que la vie n'est pas un « miracle » spécifique à la Terre, mais qu'elle peut se développer un peu partout dans l'Univers dès lors que les conditions physiques et chimiques adéquates sont réunies.

Les orbiteurs, atterrisseurs et autres robots mobiles d'exploration envoyés sur la planète rouge ont pour tâche d'explorer les sites où l'eau liquide a jadis coulé. La prospection détaillée du sol martien a commencé avec les deux astromobiles de la Nasa *Spirit* et *Opportunity*, déposés sur Mars en 2004 et qui ont roulé trois ans d'affilée sur des dizaines de kilomètres. Le rover (terme anglais pour astromobile) *Curiosity*, posé en 2012, a emporté 75 kilos de matériel scientifique, dont deux minilaboratoires permettant d'analyser les composants organiques et minéraux.

Aujourd'hui, le programme martien est devenu plus international et présente une certaine flexibilité, utilisant notamment les fameuses « fenêtres » propices aux lancements tous les vingt-six mois environ, lorsque la planète rouge se situe du même côté du Soleil que la Terre. L'année prochaine verra, par exemple, le lancement de deux nouvelles astromobiles plus performantes, *ExoMars*, de l'Agence spatiale européenne avec une participation de la Russie pour le module de descente[1], et *Mars 2020*, développé par la Nasa[2].

Dans cette passionnante course à la recherche de traces de vie, les vaisseaux en orbite martienne ne sont pas en reste. Grâce à des sondages radars, la sonde européenne *Mars Express*, qui tourne depuis plus de quinze ans, a découvert l'an dernier un grand lac souterrain de 20 kilomètres de large, enfoui près du pôle sud martien sous une couche de glace et de poussière de 1,5 kilomètre d'épaisseur. Malgré la teneur très forte en sels minéraux, la présence d'une vie microbienne actuelle et non plus fossile n'est pas exclue. On trouve en effet sur Terre des bactéries dites « extrémophiles » capables de survivre dans des conditions similaires. Comme quoi, la planète rouge pourrait nous réserver bien des surprises !

Quant aux missions habitées, beaucoup plus coûteuses et risquées, elles ne sont guère envisageables avant 2040. Rappelons que, loin des trois jours qu'il faut pour aller sur la Lune, une mission aller-retour vers la planète rouge s'étalerait sur au moins deux ans, durée de vol jamais testée sur les organismes humains. En outre, les premières missions humaines concerneraient non pas des dépôts d'astronautes sur la surface mais des mises en orbite autour de Mars. Ce serait déjà un extraordinaire exploit, dépassant de loin celui du programme *Apollo* !

---

1. Le 12 mars 2020, un communiqué de presse de l'Agence spatiale européenne a annoncé le report du lancement en 2022. *(N.d.E.)*
2. Juillet 2020. *(N.d.E.)*

19

LE GRAND TOUR

Les premières missions d'exploration spatiale du système solaire ont été dirigées vers la Lune et les deux planètes les plus proches de nous, Mars et Vénus. Ce n'est qu'au début des années 1970 que les États-Unis ont disposé de lanceurs suffisamment puissants pour envisager des missions de reconnaissance vers les planètes plus lointaines, à savoir Jupiter, Saturne, Uranus et Neptune, par ordre d'éloignement.

Le programme a commencé par l'envoi des petites sondes jumelles *Pioneer 10* et *11*. La première a survolé Jupiter en 1973, la seconde un an plus tard et elle a poursuivi sa course vers Saturne. Leurs chemins se sont séparés sur décision des contrôleurs du Jet Propulsion Laboratory sur Terre. C'est de là que sont gérées la plupart des missions d'exploration du système solaire. J'aime bien cet endroit situé à Pasadena, en Californie, même si je n'y suis jamais allé, il porte les mêmes initiales que moi : JPL ! Les sondes *Pioneer* étaient équipées d'imageurs avec plusieurs objectifs à haute résolution qui nous ont fourni les premières images rapprochées des deux géantes du système solaire. Elles sont ensuite devenues les premiers véhicules spatiaux à dépasser la troisième vitesse cosmique, 42 kilomètres par seconde, qui leur permettra à terme d'échapper à l'emprise gravitationnelle du Soleil et de naviguer dans notre galaxie, portant à l'intention d'éventuels extraterrestres une carte de visite des Terriens collée sur leur flanc.

Mais c'est avec les deux sondes *Voyager* que les États-Unis vont réussir la grande mission de prospection des quatre planètes extérieures du système solaire, dans ce que l'on a appelé « le Grand Tour ». Comprendre l'origine de ces mondes et leur évolution est l'une des questions fondamentales de la planétologie. Les missions *Voyager* ont été conçues pour tirer parti d'un alignement très rare de Jupiter, Saturne, Uranus et Neptune, qui allait se produire à compter de 1977, au moment de leurs lancements respectifs. Cet alignement remarquable n'a lieu que tous les cent soixante-seize ans. Une fenêtre de tir à ne pas manquer parce que, en utilisant les particularités de cet alignement, le Grand Tour prenait un minimum de temps et de carburant. En outre, en survolant chacune des planètes géantes, les sondes en récupéraient un peu d'énergie gravitationnelle et augmentaient leur vitesse. C'est la technique dite du « tremplin gravitationnel ». Grâce à elle, le temps de vol de *Voyager 2* vers Neptune a été réduit de trente ans à douze ans.

Entre 1979 et 1989, les sondes *Voyager* nous ont renvoyé en mode numérique des séquences photographiques extraordinaires de Jupiter, Saturne, Uranus et Neptune. Nous avons alors découvert que notre système solaire était à l'image même du cosmos : beaucoup plus complexe et surtout plus étrange que nous le pensions. Ce fut un choc de découvrir une telle diversité de mondes : d'un côté, parce que les géantes gazeuses sont très différentes des planètes rocheuses que sont Mercure, Vénus, la Terre et Mars (composées des mêmes éléments que le Soleil, l'hydrogène et l'hélium, elles ne sont pas suffisamment massives pour générer la fusion nucléaire et fleurir en petites étoiles); d'un autre côté, parce que ce sont elles-mêmes des systèmes solaires en miniature, entourées de nombreuses lunes dont le nombre dépasse au total cent soixante. De surcroît, les quatre sont assorties d'anneaux plus ou moins fins, dont ceux de Saturne sont les plus majestueux. Pas une de leurs lunes ne ressemble vraiment à une autre. Deux seulement ont une atmosphère, comme Titan et Triton, certaines ont l'éclat de la glace dont elles sont recouvertes, d'autres ont une activité interne produisant des geysers, comme Encelade, d'autres une activité volcanique intense, comme Io. Mimas est constituée de glace d'eau avec peu de roches, Hypérion ressemble à une grosse éponge poreuse et biscornue. Bref, chacune de ces lunes est unique et possède une histoire géologique qui lui est propre.

Mais le plus fascinant est que nombre d'entre elles semblent cacher sous leurs banquises de surface des océans d'eau liquide. Avec un peu de chaleur interne et des molécules organiques forcément présentes, ne pourraient-elles pas alors héberger des formes de vie primitives ?

20

Voyager hors du système solaire

En septembre 2013, la Nasa a annoncé que sa sonde interplanétaire *Voyager 1*, lancée en 1977, venait de passer la frontière du système solaire, devenant ainsi le premier objet envoyé par l'homme à atteindre l'espace intersidéral. Ne manquant jamais l'occasion de mettre en avant ses exploits technologiques, l'agence spatiale américaine n'en était pas à son coup d'essai. La sonde *Pioneer 10*, lancée vers les étoiles en 1972, était déjà censée être sortie du système solaire en… 1983, alors qu'elle avait à peine dépassé l'orbite de Neptune – autant dire la porte à côté ! Bien que le dernier contact avec elle ait été établi en 2003, on sait que *Pioneer 10* navigue toujours en direction de l'étoile Aldébaran, qu'elle atteindra dans deux millions d'années.

Même son de cloche en décembre 2018 avec la sonde *Voyager 2*, qui, après quarante et un ans de voyage mais un peu à la traîne par rapport à sa sœur jumelle, *Voyager 1*, a quand même fait son petit bonhomme de chemin, à savoir 18 milliards de kilomètres.

Alors, ont-elles vraiment passé la frontière du système solaire, et puis c'est quoi exactement, cette frontière ?

Notre système solaire est composé d'une étoile, le Soleil, et de tout ce qui gravite autour de lui : les planètes et leurs satellites, les astéroïdes, les corps glacés de la ceinture de Kuiper et les comètes, le gaz et les poussières interplanétaires. Sa frontière est difficile à cerner. Certains planétologues la définissent comme la zone où s'arrête le vent solaire, ce gaz chaud que notre étoile souffle dans l'espace et qui porte le champ magnétique solaire. La frontière de cette « héliosphère » est située cent fois plus loin du Soleil que la Terre, soit 15 milliards de kilomètres. C'est pourquoi la Nasa a annoncé en plus ou moins bonne foi que ses sondes *Voyager 1* et *2* avaient quitté le système solaire. En réalité, elles n'ont fait que franchir la limite de l'héliosphère, autrement dit l'empire magnétique du Soleil.

Il est en effet beaucoup plus pertinent de parler de « frontière gravitationnelle ». La force d'attraction gravitationnelle du Soleil décroissant en fonction du carré de la distance, elle devient très faible à longue portée, et l'on peut définir l'endroit où la force d'attraction d'une autre étoile va l'emporter sur celle du Soleil. On peut ainsi tracer autour de chaque étoile une zone d'influence gravitationnelle, comme une cuvette dans laquelle les objets sont attirés vers elle plutôt que vers une autre. Pour le système solaire, cette zone s'étend jusqu'au bord extérieur du nuage de comètes lointaines, le « nuage de Oort ». Celui-ci est le vestige de l'immense nébuleuse présolaire, dont la périphérie est restée disséminée en halo tandis que l'intérieur s'est condensé et aplati en un disque d'où sont nés le Soleil et les planètes. Or ce nuage est beaucoup plus lointain que la plus distante des planètes et que la limite du champ magnétique solaire. Il s'étend jusqu'à environ une année-lumière, soit 10 000 milliards de kilomètres. Un chiffre si grand qu'il ne nous parle plus.

Imaginons alors un modèle à échelle réduite, où le Soleil n'est qu'une bille de 1 centimètre ; la Terre est un grain de sable tournant à 1 mètre de distance, Neptune une poussière à 40 mètres ; la ceinture de Kuiper s'étend jusqu'à 55 mètres, l'héliosphère à 100 mètres, et le nuage de Oort jusqu'à… tenez-vous bien… 100 kilomètres ! Voilà la véritable limite de la zone d'influence gravitationnelle de la petite bille centrale. Les grains de poussière qui gravitent à cette énorme distance, et pour qui le Soleil paraît à peine plus gros qu'une autre étoile, sont encore gouvernés par sa masse. Et, à cette même échelle, où se trouve la plus proche étoile ? À 400 kilomètres. C'est Proxima du Centaure, autre petite bille de 1 centimètre.

Je crois qu'au-delà du désir légitime de la Nasa de publier régulièrement des scoops sur les performances de ses sondes spatiales, il y a une divergence d'avis chez les scientifiques sur ce qu'est vraiment le système solaire. Quand on est astronome, on s'attache avant tout aux diverses manifestations du rayonnement électromagnétique, et à cet égard l'influence de notre étoile cesse là où s'arrête le vent solaire. Quand on est astrophysicien, c'est la gravitation qui prime, car c'est elle qui organise la cohérence des systèmes planétaires. Or l'empire gravitationnel du Soleil s'étend mille fois plus loin que son empire magnétique.

En attendant, *Voyager 1* et *2* poursuivent leur route à environ 60 000 kilomètres par heure de moyenne. Il leur faudra entre trente mille et quarante mille ans pour traverser le nuage de Oort, et quatre fois plus de temps pour aborder les parages de Proxima du Centaure. D'ici là, la Nasa n'existera plus pour nous annoncer enfin la vraie bonne nouvelle…

21

Lunes lointaines

En trente ans, le terrain des recherches concernant la vie dans le système solaire a bien changé. Jadis, seuls les canaux martiens faisaient rêver. Aujourd'hui, ce sont les gros satellites de Jupiter et de Saturne qui intriguent.

En décembre 1995, la sonde américaine *Galileo* se plaçait en orbite autour de Jupiter et faisait une découverte inattendue. Europa, l'un des plus gros satellites de la géante gazeuse, est une grosse boule recouverte d'une banquise craquelée, surtout formée d'eau et de gaz congelés comme le méthane. Son cœur, sans cesse remué par les forces des marées gravitationnelles dues à Jupiter, reste chaud et ne se solidifie pas. Entre les deux se trouve probablement un océan d'eau liquide, avec abondance de matière organique jadis apportée par les chutes de comètes. Voilà tous les ingrédients nécessaires à l'apparition d'une vie primitive !

Certains biologistes pensent en effet que, sur Terre, ou plutôt dedans, la vie serait d'abord apparue au fond des océans, près des sources hydrothermales chaudes, à l'écart de toute lumière. Les recherches ont montré que, aujourd'hui encore, certaines bactéries dites « extrémophiles » sont capables de vivre sous la banquise, voire à l'intérieur de la glace. Il n'est donc pas interdit d'espérer qu'il existe sur Europa des colonies de petits organismes, non pas fossiles comme c'est envisagé sur Mars, mais bien vivants et contemporains. En somme, les authentiques Européens du système solaire !

Même prometteuse configuration avec Ganymède, le plus gros satellite de Jupiter, dépassant la taille de Mercure. Il est complètement gelé en surface, mais la sonde *Galileo* a détecté la présence d'un océan liquide sous la couche de glace, dont la profondeur et la salinité seraient comparables à celles des océans terrestres. Callisto semble être constitué à 40 % d'eau liquide et glacée. Bref, le fait que les gros satellites de Jupiter abritent sous leur croûte glacée des océans liquides semble être la norme. On en saura davantage avec la future mission *Juice*, qui a mis à son programme l'auscultation détaillée de Ganymède, Europa et Callisto. Lancement prévu en 2022.

Qu'en est-il de Saturne, qui compte encore plus de satellites naturels que Jupiter ? Dès 1997, la Nasa et l'Agence spatiale européenne ont lancé dans sa direction ce qui allait devenir l'une des plus belles missions de l'histoire. Nommée *Cassini-Huygens*, en hommage aux deux astronomes du XVIIe siècle qui en avaient découvert les plus grosses lunes et les anneaux, la sonde a atteint son objectif en 2004 et achevé sa tournée en 2017, après une série de représentations d'une exceptionnelle beauté. Encelade est sans conteste l'acteur le plus déconcertant. Malgré sa petite taille – 500 kilomètres de diamètre à peine –, il possède des volcans d'eau, des geysers dont plusieurs éruptions accompagnées de panaches ont été détectées en direct. Téthys et Dioné, autres lunes saturniennes, présentent une activité hydrologique analogue.

Enfin Titan, le plus gros, intriguait encore plus les scientifiques en raison de son atmosphère particulièrement opaque. En quelque sorte une « Terre primitive mise au congélateur ». Terre primitive parce que la composition de son atmosphère, azote, méthane, ammoniac, est très proche de celle de l'atmosphère de la jeune Terre avant l'apparition de la vie ; « au congélateur » parce qu'à 2,5 milliards de kilomètres du Soleil il fait moins 180 degrés. Alors pour voir ce qu'il y avait sous l'épais manteau gazeux, la mission *Cassini* a déposé le petit atterrisseur *Huygens*. La surface de Titan s'est révélée constellée de lacs et de rivières de méthane liquide. En somme, le méthane est à Titan ce que l'eau est à la Terre, nourrissant un cycle complet et permanent d'évaporation, de précipitations et d'érosion. Certains chercheurs soutiennent que le milieu titanesque, contenant aussi de l'acétylène et de l'hydrogène, pourrait fournir les nutriments nécessaires à des bactéries productrices de méthane, même à des températures aussi basses.

Ne nous emballons pas trop quand même. Que les océans subglaciaires de toutes ces lunes lointaines puissent abriter des formes de vie primitives reste une hypothèse. Les agences spatiales espèrent dégager les budgets pour lancer des sondes capables de percer leurs épaisses croûtes de glace et d'étudier sur place les possibilités d'une vie océanique. Ce serait évidemment plus spectaculaire que de recueillir des bactéries martiennes fossilisées depuis trois milliards d'années…

22

Vagabondes du ciel

À des milliards de kilomètres de la Terre, d'innombrables blocs de glaces et de poussières gravitent lentement. Soudain, l'un d'entre eux se détache et plonge en direction du Soleil. Il se transforme en comète. Sa tête a la taille d'une petite ville constituée de roches et de poussières amalgamées par des glaces d'eau, de monoxyde de carbone, de méthane et d'ammoniac. Sa chevelure, issue de l'évaporation des gaz volatils, s'étire sur plusieurs millions de kilomètres dans le souffle chaud de l'étoile.

Des milliers de comètes parcourent ainsi le système solaire en tous sens. Venant des périphéries lointaines et glacées, elles ont conservé leurs propriétés physiques et chimiques initiales sans être altérées. Elles contiennent donc des informations essentielles pour comprendre les origines de notre système solaire, qui remontent à quatre milliards et demi d'années. Par ailleurs, comme elles possèdent de l'eau en abondance ainsi que des composés organiques, les comètes ont peut-être apporté les « briques fondamentales de la vie » sur notre jeune Terre quelques centaines de millions d'années après sa naissance, époque durant laquelle elles ont fait pleuvoir un déluge d'eau et de feu.

Ces vagabondes du ciel passionnent donc les scientifiques, au point que plusieurs missions spatiales ont été consacrées à leur étude rapprochée. La plus célèbre des comètes périodiques, la comète de Halley, revient tous les soixante ans dans les parages du Soleil et donc de la Terre – le temps d'une vie humaine. Les plus anciennes observations à l'œil nu remontent à plus de deux mille ans, par les Chinois. Lors de son dernier passage, en 1986, une flotte de cinq sondes spatiales ont été lancées à sa rencontre – deux soviétiques, deux japonaises et une européenne. Cette dernière fut élégamment baptisée *Giotto*, en hommage au peintre italien qui, inspiré par le passage de l'astre chevelu en 1301, l'avait représenté comme étant l'étoile de Bethléem dans sa fresque de l'*Adoration des Rois mages*. Après un trajet de 150 millions de kilomètres parcourus en huit mois, la sonde automatique *Giotto* a pu s'approcher à 600 kilomètres du noyau cométaire, en a déterminé la taille et la forme – une sorte de cacahuète sombre – et a confirmé sa nature physique : une boule de roches, d'eau et de gaz congelés.

En 2004, ce fut au tour de la sonde américaine *Stardust* de plonger dans la chevelure de la comète Wild 2 et d'y pêcher quelques milligrammes de poussière, qu'elle a réussi à ramener sur Terre deux ans après. Leur analyse a montré la présence d'un acide aminé, la glycine, confortant la théorie selon laquelle les comètes ont pu contribuer à l'apparition de la vie sur Terre.

En 2005, la sonde *Deep Impact* a largué un projectile de 400 kilos sur le noyau de la comète Tempel 1 pour étudier les débris soulevés par l'impact.

Mais la mission cométaire à ce jour la plus prestigieuse est sans conteste *Rosetta*. Son objectif : déchiffrer les hiéroglyphes chimiques du système solaire primitif. Lancée en 2004 et après un périple de dix ans, la sonde européenne s'est mise en orbite autour du noyau de la comète Tchouri, alors située à 600 millions de kilomètres du Soleil, l'accompagnant ensuite dans son approche pour observer son dégazage progressif et en étudier les composants. En novembre 2014, l'orbiteur a largué un petit atterrisseur entièrement robotisé, *Philae*. Premier objet à se poser sur un noyau cométaire, il a transmis de précieuses données durant trois jours. *Rosetta*, elle, a poursuivi sa tâche jusqu'à ce que Tchouri cesse de s'évaporer en regagnant l'espace lointain. L'agence spatiale a mis fin à la mission en septembre 2016, en faisant s'écraser l'engin sur le sol de la comète.

Plus qu'une mission, *Rosetta* fut une moisson qui a permis de dévoiler toute la richesse chimique du petit astre. Les scientifiques mettront plusieurs années pour exploiter toutes les données, mais d'ores et déjà les premières analyses confirment que la comète Tchouri est riche en matière organique moléculaire, semblable à celle présente sur Terre. Pour paraphraser le poète, c'est en suivant les bonds de la comète aux longs cheveux de flamme que *Rosetta* a soulevé un coin du voile cachant l'origine du monde.

23

ASTÉROÏDES : DANGER ?

Entre Mars et Jupiter s'étend une grande lacune qui partage en deux le système solaire interne. Elle est occupée par des millions de corps rocheux allant de quelques mètres de diamètre jusqu'à 900 kilomètres pour le plus gros : ce sont les astéroïdes, embryons du jeune système solaire qui n'ont pas pu s'agglomérer comme les autres pour former une planète.

Des collisions se produisent entre les astéroïdes, et la géante Jupiter leur imprime des ruades gravitationnelles, de sorte que, de temps à autre, l'un d'eux est éjecté de son réservoir naturel. Sa nouvelle orbite prend une forme très allongée, au point de croiser celle de la Terre. Il devient un « géocroiseur ». C'est l'impact entre notre planète et un géocroiseur gros d'au moins 10 kilomètres qui a très probablement causé l'extinction des dinosaures, il y a soixante-cinq millions d'années.

Je vous rassure, notre planète n'est actuellement pas en danger. Aucun des géocroiseurs jusqu'alors identifiés ne représente une menace à court terme. Les astronomes ont installé des réseaux de surveillance télescopiques assez efficaces, et il semble improbable qu'un gros astéroïde inconnu nous prenne au dépourvu. Nous le verrions arriver des années à l'avance. Par contre, les corps célestes qui inquiètent le plus les agences internationales sont les géocroiseurs de plus petite taille, qui mesurent de quelques dizaines de mètres à une centaine de mètres et pourraient faire des dégâts considérables en cas d'impact. Que pourrait-on faire si l'un d'eux fonçait sur nous ?

La première idée qui vient à l'esprit serait de le détruire, en envoyant un missile nucléaire par exemple. Hélas, les conséquences d'une pluie de fragments radioactifs pourraient être encore pires… Une idée plus astucieuse consisterait à faire exploser la charge nucléaire juste à côté de l'astéroïde. Le souffle de l'explosion le dévierait de sa course et la collision serait évitée.

Déviation de trajectoire plutôt que destruction, voilà une bien meilleure idée pour se débarrasser du bolide. De nombreux scénarios de déviation, plus ou moins réalistes, ont d'ores et déjà été étudiés.

On pourrait, par exemple, mettre en orbite autour du géocroiseur un réflecteur parabolique ; comme une loupe, il focaliserait les rayons du Soleil sur une petite surface afin de la volatiliser, et le bolide serait dévié de sa dangereuse trajectoire.

On pourrait également lancer une fusée équipée d'un puissant moteur qui, une fois amarrée à l'astéroïde, le propulserait vers une orbite plus sûre. Ou encore asperger une partie de son corps avec du talc blanc pour qu'il réfléchisse mieux les rayons solaires, ce qui modifierait aussi sa course.

Une solution particulièrement élégante serait le remorquage gravitationnel : on enverrait un vaisseau spatial à proximité de l'astéroïde et on les ferait naviguer côte à côte, en imprimant régulièrement une infime modification de direction au vaisseau. La masse de ce dernier suffirait à exercer une légère force gravitationnelle sur l'astéroïde, qui serait remorqué hors de sa trajectoire d'impact comme par un filin invisible. Solution envisageable pour un astéroïde de 100 mètres de diamètre pesant un million de tonnes, et il faudrait dix ans pour le dévier avec un vaisseau spatial de 20 tonnes.

Mais c'est la technique de l'impacteur qui a pour l'instant la faveur des scientifiques. *Dart* est une mission spatiale de la Nasa dont l'objectif est de tester la méthode dès 2022 sur un modeste astéroïde de 160 mètres, Didymoon, ainsi nommé parce que c'est la petite lune d'un astéroïde un peu plus gros, Didymos. Le couple va passer loin de la Terre et ne présente aucun danger. Est-ce donc bien raisonnable de vouloir le séparer en lançant sur lui un impacteur de 300 kilos à une vitesse de 6 kilomètres par seconde ? Je vous laisse juges.

Les astronomes qui travaillent sur ces questions essaient de convaincre les gouvernements que ces programmes ne coûtent pas très cher – quelques millions de dollars, ce qui n'est rien comparé à d'autres – pour un enjeu certes peu probable, mais tout de même inévitable à long terme.

Je ne vous ai pas tout dit… L'astéroïde numéro 5523, découvert en 1991 au télescope du mont Palomar, porte mon nom ! Comme il circule tranquillement à 400 millions de kilomètres de la Terre, bien calé entre les orbites de Mars et de Jupiter, cet homonyme rocheux ne risque pas de se transformer en dangereux géocroiseur. Heureusement pour vous et pour moi, car il mesure une bonne dizaine de kilomètres. C'est un plaisant hommage que la communauté des astronomes a rendu à mes travaux sur les trous noirs et la cosmologie, mais ce n'est malheureusement pas un titre de propriété… !

24

Les mines de l'espace

Il n'y a pas que du mauvais dans les astéroïdes. Outre que les mammifères que nous sommes leur doivent leur existence après le nettoyage des dinosaures, nous pourrions leur trouver une destination commerciale.

Les astéroïdes sont en effet de mieux en mieux connus grâce à des sondes spatiales qui les ont étudiés et photographiés de près. Les deux plus gros d'entre eux, Vesta et Cérès, ont été survolés successivement en 2011 et 2015 par la sonde américaine *Dawn*. Ses instruments ont permis d'en déterminer la forme, la densité moyenne, la morphologie de surface et la composition minéralogique.

C'est encore mieux de se poser dessus. Le 14 février 2000, jour de la Saint-Valentin, la sonde américaine *Near* s'est mise en orbite autour de l'astéroïde bien nommé Éros, a prudemment photographié sous toutes les coutures son imposante anatomie de 34 kilomètres, et un an plus tard elle y a atterri en douceur, a déposé une sorte de baiser et a redécollé en bon état.

En 2005, ce fut le tour de la sonde japonaise *Hayabusa* de se poser sur Itokawa, radeau cosmique de 630 mètres de long. Elle a collecté quelques particules de poussière, qui ont été récupérées sur Terre en 2010. Sa suivante, *Hayabusa 2*, est en ce moment même en train de flirter avec Ryugu, sorte de boule de 800 mètres, pour lui soutirer quelques milligrammes. Retour prévu fin 2020. Idem avec la mission *Osiris-Rex* de la Nasa sur l'astéroïde Bennu, retour de quelques grammes en 2013.

Bref, on a compris que les astéroïdes sont riches en fer, nickel, platine, tungstène, or, cobalt… Ils possèdent tout ce qu'il faut pour devenir un jour les mines de l'espace. La concentration en métaux rares y est de dix à cent fois supérieure à celle de la croûte terrestre. Et comme les ressources planétaires ne sont pas inépuisables, les industriels envisagent d'exploiter, dans un futur proche, les richesses minières des astéroïdes. Des robots seront envoyés sur ces corps célestes pour en extraire les éléments de surface et en ramener quelques dizaines de kilos sur Terre. Ce nouveau marché représenterait d'ici à 2050 plus de cent milliards de dollars. Des sociétés privées comme Planetary Resources et Deep Space Industries se sont déjà lancées dans des programmes de collecte de matière astéroïdale sur des géocroiseurs passant au niveau de l'orbite lunaire, plus facilement accessibles que les astéroïdes plus lointains situés à 400 millions de kilomètres, entre Mars et Jupiter.

Mais n'y a-t-il pas danger à ce que des compagnies privées géantes exploitent l'espace intersidéral, à la manière de nouvelles Compagnies des Indes, qui, en leur temps déjà, dépassaient en puissance les États ?

Un traité historique des Nations unies signé en 1967 décrétait que tout le monde avait le droit d'accéder à l'espace en vue d'objectifs scientifiques et pacifiques, et condamnait toute appropriation du cosmos par un État. Autrement dit, l'espace était considéré comme l'héritage commun de l'humanité.

Depuis lors, la nature des activités spatiales a bien changé. Elles sont au cœur d'une très profitable exploitation commerciale. En 2015, le président américain, Barack Obama, a signé un texte donnant aux entreprises américaines le droit de posséder et de vendre les ressources extraites de l'espace. Un viol flagrant du traité des Nations unies. Mais quand des intérêts commerciaux sont en jeu, ils prennent le pas sur toute autre considération humaniste : tout ce que l'on regarde, ce sont les résultats financiers. Chaque jour nous en apporte déjà la consternante preuve.

Pour l'instant, seul le Luxembourg a réagi et annoncé qu'il allait également établir un cadre juridique pour l'exploitation minière du système solaire. À noter que les astéroïdes ne sont pas seuls concernés : notre satellite, la Lune, fait aussi l'objet de convoitises, car sa poussière de surface est riche en hélium 3, un élément extrêmement rare sur Terre, mais combustible idéal pour les futures centrales nucléaires à fusion. L'Inde et la Chine ont déjà des programmes d'exploitation.

La question est trop importante pour être confiée à une oligarchie d'entreprises privées ou à une poignée d'États qui ont les moyens techniques et financiers. Elle nécessite une coopération internationale à grande échelle, car le véritable enjeu du futur, c'est l'accès à l'espace au bénéfice de toute l'humanité.

25

Le vaisseau Terre

Nous parlons de voyages interplanétaires et intersidéraux d'êtres humains à bord de vaisseaux spatiaux, mais nous oublions souvent que nous naviguons déjà dans l'espace à une vitesse phénoménale, à bord d'un vaisseau spatial naturel : notre planète Terre.

Tous les corps célestes se déplacent en effet dans l'Univers sous l'influence des forces de gravitation, et notre planète n'échappe pas à la règle. En l'espace d'une seconde, nous avons déjà parcouru des dizaines de kilomètres dans le système solaire. Mais ce n'est pas tout : nous bougeons dans la galaxie, et celle-ci fonce à travers l'Univers local…

Récapitulons. Le premier mouvement à prendre en compte n'est pas gravitationnel : c'est la rotation de la Terre sur elle-même. Aux latitudes de la France, elle est d'environ 1 100 kilomètres par heure tandis qu'à l'équateur, à raison de 40 000 kilomètres en vingt-quatre heures, elle atteint 1 600 kilomètres par heure. À noter que notre planète tourne moins vite sur elle-même qu'il y a plusieurs centaines de millions d'années.

Autour du Soleil, cela va déjà beaucoup plus vite. La période de révolution de notre planète est de 365 jours et 6 heures. Une année donc pour boucler un circuit presque circulaire long de 940 millions de kilomètres. Autrement dit, la Terre, et nous tous avec, fonçons à 30 kilomètres par seconde, soit 2,6 millions de kilomètres par jour.

À son tour, le Soleil, loin d'être immobile, se déplace dans la galaxie aux côtés de centaines de milliards d'autres étoiles, entraînant avec lui son petit cortège de planètes à une vitesse voisine de 250 kilomètres par seconde. Et comme le centre de la Voie lactée, autour duquel nous tournons, est situé à vingt-six mille années-lumière, il faut deux cent trente millions d'années pour faire un tour complet de manège.

Notre galaxie bouge aussi dans le cosmos. Elle, et sa grande voisine la galaxie d'Andromède, actuellement distante de deux millions et demi d'années-lumière, s'attirent mutuellement, fonçant l'une vers l'autre à environ 400 000 kilomètres par heure. À ce rythme, les deux devraient entrer en collision dans quatre à cinq milliards d'années, une fusion qui donnera naissance à l'Androlactée.

Comme rien n'est immobile dans l'Univers, notre groupe local de galaxies se déplace lui aussi relativement à d'autres. Nous parcourons ainsi chaque heure quelque 2 millions de kilomètres en direction de l'amas de galaxies de la Vierge. Et cet immense groupe se déplace au sein d'un vaste continent galactique auquel nous appartenons, découvert en 2014 et baptisé Laniakea, ce qui signifie « immense horizon céleste » en langue hawaïenne. Au centre de Laniakea se trouve un « grand attracteur » vers lequel convergent des millions de galaxies. Le grand attracteur lui-même file en direction d'un autre attracteur, le superamas de Shapley. Cela donne le vertige ! Résumons : en combinant ces différentes vitesses dans différentes directions, on en déduit que notre vaisseau Terre se déplace dans l'Univers à une vitesse absolue de 630 kilomètres par seconde.

Bien entendu, nous ne ressentons pas ces mouvements phénoménaux. On sait depuis Galilée que le mouvement rectiligne à vitesse constante est strictement équivalent au repos. Tout le monde a fait l'expérience du train démarrant très lentement en gare, au point que l'on ne sait pas si c'est notre train qui bouge ou le train d'à côté qui part en sens inverse. Ce que notre corps perçoit, ce sont les accélérations. Un coup de frein en voiture, un trou d'air en avion, un cahot et un virage sur la route sont perçus, car chacune de ces manifestations représente une accélération. Certes, la Terre fait des virages autour du Soleil ou autour de la galaxie, mais leurs rayons de courbure sont si grands qu'à l'échelle humaine le trajet parcouru est parfaitement rectiligne, et l'accélération ressentie est nulle.

26

LES TÉLESCOPES DE L'ESPACE

Qui n'a pas été émerveillé en contemplant un jour, dans un album d'astronomie ou sur Internet, les magnifiques clichés d'étoiles, de nébuleuses, de galaxies ? Toutes ces images ne sont pourtant que la partie émergée de l'iceberg, parce que la lumière que nous voyons n'est qu'un petit chapitre dans un grand livre appelé « rayonnement électromagnétique ».

Ondes radio, micro-ondes, infrarouge, ultraviolet, rayons X et rayons gamma en font partie au même titre que la lumière visible. Il s'agit du même phénomène physique, porté par des particules vibrantes appelées « photons », mais de longueurs d'onde, de fréquences et d'énergies différentes. Or les astres émettent dans toute la gamme du rayonnement électromagnétique. Si l'on veut bien comprendre leur fonctionnement, il faut pouvoir les observer sous toutes leurs coutures.

L'atmosphère ne laisse cependant passer que la lumière visible et les ondes radio, tout le reste est absorbé. Elle empêche ainsi les télescopes au sol de travailler dans toutes les longueurs d'onde. La solution ? Embarquer des télescopes sur des fusées ou des satellites pour capter directement la palette des lumières venues de l'espace.

Les astronomes ont donc conçu toute une batterie d'instruments capables d'observer l'Univers dans toutes les longueurs d'onde, chaque domaine du rayonnement électromagnétique exigeant un détecteur à la technologie très particulière. À l'heure actuelle, 90 % de l'information collectée sur le ciel provient des télescopes fonctionnant dans l'espace.

Comment parler de ces détecteurs embarqués sans commencer par le télescope spatial *Hubble* ? Nommé d'après un célèbre astronome américain du siècle dernier, l'instrument gravite depuis 1990 à 600 kilomètres d'altitude et nous offre parmi les plus spectaculaires images du cosmos. Développé par les agences spatiales américaine et européenne et équipé d'un miroir principal de 2,4 mètres de diamètre, le *Hubble Space Telescope*, *HST* pour les intimes, observe dans le domaine des longueurs d'onde visibles, l'ultraviolet et le proche infrarouge. Avec ses clichés de champ profond montrant des milliers de galaxies, il a notamment fourni un aperçu sans précédent sur la structure à grande échelle de l'Univers. Mais après plus de vingt-cinq ans de bons et loyaux services, il sera inéluctablement mis au rancart dans la prochaine décennie.

Son successeur, le *James Webb Telescope*, nommé en hommage à un ancien administrateur de la Nasa qui a joué un rôle essentiel dans la réussite du programme *Apollo*, va prendre sa place dans le ciel en 2021 avec des capacités nettement supérieures, notamment un miroir de 6,5 mètres et un positionnement bien plus favorable. En effet, tous les télescopes spatiaux ne sont pas en orbite autour de la Terre. Certains le sont plus avantageusement autour du Soleil, positionnés en un point d'équilibre particulier du système Terre-Soleil, appelé « point de Lagrange ». Situé à 1,5 million de kilomètres de la Terre, il offre un endroit privilégié pour observer l'espace lointain, et le *James Webb Telescope* y rejoindra plusieurs autres télescopes majeurs déjà installés aux meilleures places.

L'embarquement de détecteurs spécifiques pour les rayonnements X et gamma a commencé dès les années 1970. Avec des télescopes nommés *Einstein*, *XMM-Newton*, *Chandra* ou encore *Integral* est apparue l'image du ciel tel qu'il palpite dans ces fenêtres de haute énergie, révélant toute une série de phénomènes astrophysiques extrêmement violents comme les trous noirs, les explosions d'étoiles ou les sursauts gamma.

Le domaine infrarouge dévoile pour sa part les régions de l'Univers moins énergétiques. Les télescopes spatiaux *Spitzer* et *Herschel* nous permettent par exemple d'assister à la formation des étoiles et des planètes au sein de vastes nuages d'hydrogène interstellaires froids mêlés à des grains de poussière.

Mentionnons pour finir le télescope « généraliste » *Gaia*, de l'Agence spatiale européenne, au lancement duquel j'ai eu la chance d'assister en 2013 de la base de Kourou, en Guyane. C'est le satellite de tous les records : sa caméra numérique à un milliard de pixels, la plus grande jamais lancée dans l'espace, a mesuré les caractéristiques de plus de un milliard d'objets célestes, allant des astéroïdes proches aux quasars les plus lointains, en passant par les étoiles de notre Voie lactée, les supernovæ et les galaxies.

Mais le télescope spatial phare de la prochaine décennie n'est pas un détecteur d'ondes lumineuses. Il se nomme *Lisa* et traquera d'autres messages venus du cosmos : les ondes gravitationnelles.

27

Lisa

Lisa n'est pas le prénom d'une belle astronaute candidate à la première mission humaine sur Mars, non, c'est celui d'un futur détecteur placé dans l'espace chargé de capter des ondes gravitationnelles. *A priori*, c'est moins avenant, en réalité, c'est beaucoup plus intéressant. Mais qu'est-ce que les ondes gravitationnelles ?

Selon la théorie de la relativité générale, lorsque des corps massifs sont en mouvement dans l'Univers, la courbure qu'ils impriment à l'espace-temps se propage de manière analogue à des vagues à la surface de l'eau. On désigne par « onde gravitationnelle » ce type de perturbation, qui se déplace à la vitesse de la lumière. Einstein avait prédit leur existence en 1916, mais ces ondes sont de si faible amplitude qu'elles sont incroyablement difficiles à détecter.

Un siècle plus tard, les chercheurs ont réussi à mettre au point des télescopes à ondes gravitationnelles, qu'on appelle des « interféromètres ». Ce sont les instruments scientifiques les plus sensibles jamais construits par l'homme. Ils sont capables de mesurer la variation infinitésimale d'un segment de l'espace qui se produit au passage de l'onde gravitationnelle même la plus puissante : le diamètre de la Terre, à peu près 10 000 kilomètres, varie à peine de la taille d'un atome ! Le pari a été réussi.

Certains se souviennent peut-être d'une annonce historique faite en février 2016 dans le domaine spatial : la première détection directe d'ondes gravitationnelles émise par la fusion de deux trous noirs, réalisée par deux interféromètres nommés *Ligo*, installés sur le sol américain. Lors de cet événement, baptisé GW150914 en raison de sa date de captation – le 14 septembre 2015 –, deux trous noirs de trente masses solaires situés à plus d'un milliard d'années-lumière s'étaient unis pour former un trou noir unique. Dans la fusion, trois masses solaires s'étaient littéralement volatilisées en énergie gravitationnelle en moins d'une seconde. C'était dix fois l'énergie lumineuse dégagée par l'Univers tout entier, avec ses centaines de milliards de galaxies !

Grâce à l'adjonction d'un troisième interféromètre nommé *Virgo*, placé sur le sol européen, l'événement GW150914 a été suivi de dizaines d'autres, signant les débuts de l'astronomie gravitationnelle, seule capable de fournir d'irremplaçables données sur les trous noirs et l'Univers invisible.

Mais tout comme pour l'astronomie du rayonnement électromagnétique, l'envoi de télescopes gravitationnels dans l'espace permettra d'améliorer considérablement les performances des instruments au sol. C'est tout l'enjeu de *Lisa*, projet phare de l'Agence spatiale européenne et de la Nasa. *Lisa*, acronyme signifiant « antenne spatiale interférométrique à laser », se compose de trois satellites reliés par des faisceaux laser, disposés aux sommets d'un triangle équilatéral de 5 millions de kilomètres de côté, en orbite autour du Soleil et suivant la Terre à une distance de 50 millions de kilomètres. La principale difficulté consiste à stabiliser les distances entre les satellites avec une précision jamais atteinte, ce qui suppose de compenser, par exemple, la pression du vent solaire et autres influences parasites.

C'est pour tester cet élément décisif que l'Agence spatiale européenne a lancé fin 2015 la sonde éclaireur *Lisa Pathfinder*, qui a placé à 1,5 million de kilomètres de la Terre deux masses-étalons séparées de 38 centimètres. Il s'agissait de s'assurer que, en l'absence d'onde gravitationnelle, cette distance ne variait pas de plus d'un millionième de l'épaisseur d'un cheveu humain, auquel cas le passage d'une onde gravitationnelle serait détectable. Tout a fonctionné comme prévu et même mieux. L'interféromètre complet *Lisa* devrait être placé en orbite en 2034.

L'histoire de l'astronomie a prouvé que, chaque fois que l'homme a scruté le ciel par d'autres yeux que les siens, de nouvelles merveilles lui sont apparues et ont amélioré sa compréhension de notre vaste Univers. Juste un peu de patience est requise…

28

Terres d'ailleurs

Sommes-nous seuls dans l'Univers ? Depuis des millénaires, nous nous posons la question sans avoir aucune réponse. Mais ces dernières décennies, grâce aux progrès conjugués de l'astrophysique, de la planétologie et de la biologie, les chercheurs commencent à beaucoup mieux cerner le problème. Des expériences en laboratoire ont mis en évidence certaines combinaisons d'éléments chimiques et de molécules à la base du vivant. Les radiotélescopes ont également révélé que les matériaux nécessaires à la vie abondent partout dans la galaxie.

Les lieux les plus propices pour héberger une éventuelle vie extraterrestre sont les surfaces de planètes plus ou moins semblables à la Terre et gravitant autour d'étoiles comparables à notre Soleil. Les premières planètes extrasolaires, dites aussi « exoplanètes », ont été détectées dans les années 1990. Depuis, leur liste ne cesse de s'allonger.

Lancé en 2009, le télescope spatial *Kepler*, de la Nasa, est spécialement conçu pour détecter les exoplanètes. Il a confirmé que la majorité des étoiles dispose d'au moins une planète, et mis en évidence la forte proportion des astres de taille comprise entre celle de la Terre et celle de Neptune. Selon les dernières estimations, il existerait entre cent et mille milliards de planètes rien que dans notre galaxie. Et parmi elles, au moins une sur cinq serait une « exoterre » pouvant héberger une vie comparable à celle qui y existe, en particulier lorsqu'elles gravitent dans la zone habitable de leur étoile où il ne fait ni trop chaud ni trop froid pour qu'une atmosphère et de l'eau à l'état liquide puissent subsister. Quant à l'Univers dans son ensemble, il contient mille milliards de galaxies !

Au vu de ces chiffres astronomiques, on serait prêt à parier que nous ne sommes pas seuls dans ce vaste cirque. Après tout, la vie est apparue très rapidement ici-bas, il y a 3,8 milliards d'années, quand la Terre était encore chaude et boursouflée de sa naissance tumultueuse. Cela porte à croire que la bactérie fait son nid dès qu'elle en a la possibilité. Puisqu'il y a beaucoup d'autres planètes dans l'Univers et beaucoup de molécules prébiotiques en circulation dans l'espace, on ne voit pas pourquoi la vie n'aurait pas colonisé tous les endroits propices.

C'est ce que soutiennent le bon sens et la plupart des astrophysiciens, mais pour autant la preuve n'est pas faite. On ignore toujours comment se produit le saut de la chimie à la biologie. Il ne suffit pas d'avoir des acides aminés et d'autres protéines macérant dans le même chaudron pour fabriquer un être vivant. Il n'est donc pas certain que même s'il existe dans l'Univers des milliards d'exoterres contenant de l'eau liquide, du carbone et toutes les épices nécessaires, la vie y soit apparue automatiquement. C'est seulement très probable.

Il n'est pas certain non plus que si la vie se développe sur une planète, elle évolue et débouche nécessairement sur la conscience. On aurait pu en rester au stade des bactéries. On y est d'ailleurs resté pendant très longtemps. Des vaisseaux extraterrestres auraient pu passer au voisinage de la Terre pendant trois milliards d'années et ne rien remarquer que du volcan, du désert et de l'eau. Et s'il se trouvait aujourd'hui, par exemple, cent planètes dans notre voisinage cosmique qui ont fourni des conditions propices à la vie, il y aurait de bonnes chances pour que, sur quatre-vingt-dix-neuf d'entre elles, la vie ne se montre pas très élaborée. D'où la difficulté qu'il y aurait à la détecter, sans même parler d'entrer en communication.

Les agences spatiales ont dans leurs cartons des projets de télescope en orbite capables de détecter et d'analyser l'atmosphère entourant une planète extrasolaire. Si on venait à observer d'importantes quantités d'oxygène libre dans l'atmosphère d'une exoterre, on aurait là un indice important de la présence de vie. Mais cette vie pourrait n'être que végétale. Par contre, la présence d'autres gaz biomarqueurs comme le méthane et le dioxyde de carbone pourrait laisser supposer l'existence d'animaux et, qui sait, peut-être même d'une civilisation aussi polluante que la nôtre !

29

Les trous noirs

Une fois n'est pas coutume, le 10 avril 2019, les médias du monde entier se sont faits l'écho d'une découverte astronomique extraordinaire, assortie d'une image qui a fait le tour du monde : un œil noir couronné d'un anneau de lumière jaune orangé, flou et asymétrique. *A priori* rien d'extraordinaire, sauf qu'il s'agissait de l'une des choses les plus fascinantes à contempler : le portrait télescopique d'un trou noir. Pas une simulation ni une vue d'artiste, mais un objet bien réel situé au cœur de la galaxie M87, à cinquante millions d'années-lumière. Fruit d'une observation simultanée par huit radiotélescopes répartis sur toute la planète dans le cadre d'une collaboration internationale qui a mobilisé plus de deux cents chercheurs, le résultat était si exceptionnel qu'il a fait l'objet de six conférences de presse coordonnées dans le monde entier.

« Voir un trou noir » a tout d'un oxymore, si l'on se souvient que le trou noir est par définition même un astre parfaitement invisible. Je le rappelle, les trous noirs sont ces déchirures de l'espace-temps qui se forment lorsque des objets célestes massifs s'effondrent sous leur propre poids, créant des puits de gravité si forts qu'ils emprisonnent la matière et la lumière passant à proximité. La limite au-delà de laquelle tout reste piégé sans espoir de retour est une sphère immatérielle d'un noir absolu, appelée « horizon des événements ». Elle ne peut se voir que par contraste sur un fond lumineux. Or les théoriciens espéraient que le gaz chaud qui s'enroule autour d'un trou noir juste avant d'être avalé fournisse un écran naturel sur lequel se dessine sa silhouette. Pari réussi, après des décennies de travaux théoriques et expérimentaux !

J'ai moi-même consacré une bonne partie de mes recherches à étudier les propriétés physiques de ces astres extravagants. J'ai calculé les phénomènes lumineux très particuliers qu'ils induisent sur leur environnement et qui peuvent fournir une preuve indirecte de leur existence. Lorsqu'ils ingurgitent de grandes quantités de matière gazeuse, ou même brisent des étoiles entières par leurs forces de marée, les trous noirs émettent en effet des rayonnements extrêmement puissants, parmi les plus énergétiques de l'Univers.

De fait, la chasse aux trous noirs a commencé lorsque les premiers télescopes à rayons X ont été embarqués dans l'espace et ont détecté des bouffées de rayonnement de haute énergie prévues par les modèles. Le premier trou noir à avoir été identifié comme tel, nommé Cygnus X-1, a été découvert en 1971 par le télescope spatial *Uhuru*. Par la suite, une batterie de télescopes spatiaux les ont traqués : l'instrument *Einstein* a découvert de nombreux candidats trous noirs stellaires de notre galaxie, le télescope spatial *Hubble* et l'instrument à rayons X *Chandra* ont débusqué des trous noirs supermassifs situés au cœur de galaxies plus lointaines.

Car il existe au moins deux sortes de trous noirs : les stellaires et les supermassifs. Les premiers résultent de l'effondrement d'étoiles massives sur elles-mêmes. Ils ne dépassent pas quelques dizaines de fois la masse de notre Soleil, leur diamètre mesure à peine 100 kilomètres et les plus proches de nous sont à des milliers d'années-lumière, ce qui rend leur image totalement hors d'atteinte de tout télescope.

Les trous noirs supermassifs sont beaucoup plus lourds : plusieurs millions à plusieurs milliards de fois la masse de notre étoile. On en trouve un au cœur de toutes les galaxies de taille respectable. C'est le cas du trou noir M87 qui vient d'être photographié. Avec ses six milliards de masses solaires et ses 40 milliards de kilomètres de diamètre, il a beau être loin, sa silhouette à pu être captée par nos instruments. Et son image, divulgée en avril 2019, ressemble étonnamment à la toute première simulation d'ordinateur que j'avais moi-même effectuée quarante ans auparavant à partir des équations de la relativité générale !

Comme quoi une prédiction théorique bien faite peut précéder de beaucoup la preuve expérimentale.

30

Big bang

Il y a presque un siècle, les astronomes se sont aperçus que les galaxies lointaines semblaient toutes s'éloigner de la nôtre, et ce d'autant plus vite qu'elles étaient plus distantes. Le physicien et abbé belge Georges Lemaître fut le premier à donner une explication compatible avec la théorie de la relativité générale qu'Albert Einstein avait proposée quelques années auparavant : ce ne sont pas les galaxies qui se déplacent à grande vitesse, mais l'espace qui les contient qui se dilate. Autrement dit, l'Univers est en expansion, et en se dilatant il augmente les séparations entre les galaxies.

Dans quoi s'étend-il ? Dans rien, parce qu'il n'y a pas d'espace en dehors de lui. L'Univers n'a ni intérieur ni extérieur, contrairement à l'image que l'on donne souvent d'un ballon que l'on gonfle. Où l'expansion a-t-elle commencé ? Nulle part, car l'espace, qu'il soit infini ou bien fini mais sans bord, n'a ni centre ni frontière. Moi qui donne des conférences de cosmologie depuis trente ans, je suis bien placé pour savoir que ces deux questions sont aussi fréquentes que leurs réponses sont frustrantes pour le grand public. Mais ce sont les lois de la relativité et de l'espace-temps courbe qui le veulent ainsi !

La cosmologie relativiste va beaucoup plus loin dans l'étrangeté avec les modèles de big bang qui en découlent. C'est le même Georges Lemaître qui, en 1931, a fait le raisonnement suivant : si les galaxies s'éloignent dans le futur, c'est qu'avant elles étaient plus proches. Et si on remonte le film à l'envers, on aboutit forcément à l'idée qu'il y a très longtemps, disons une dizaine de milliards d'années, l'ensemble de toute la matière de l'Univers était concentré dans un volume extrêmement petit, où régnaient des températures, des densités et des énergies férocement élevées.

Vous aurez reconnu le fameux concept de big bang, censé marquer le début lilliputien de notre Univers. Cela peut vous paraître étrange, et je vous garantis que pour les scientifiques de l'époque ce fut un choc. L'Univers n'est donc pas éternel et identique à lui-même comme on le croyait jusqu'alors, il a une histoire au cours de laquelle il a considérablement changé de taille et de contenu. Au début, personne ne voulait y croire, à commencer par Einstein lui-même, dont les équations avaient pourtant permis à Lemaître de bâtir la théorie du big bang.

C'est bien Lemaître qui avait raison, sauf qu'il a fallu attendre presque quarante ans pour en avoir la preuve. Là encore, ce sont les télescopes, d'abord au sol puis dans l'espace, qui ont permis cette avancée scientifique majeure. La clé porte le nom de « rayonnement fossile ». C'est le vestige refroidi de la première lumière émise dans l'histoire de l'Univers, lorsque ce dernier était à peine âgé de quatre cent mille ans.

Avant, sa substance, un plasma de particules à haute température, était complètement opaque, car la lumière, prisonnière de la matière, ne pouvait pas s'y propager. Au moment où les premiers atomes se sont formés, la lumière s'est libérée. Il faisait alors à peu près 3 000 degrés partout dans l'Univers. La lumière a voyagé dans l'espace en expansion et, après quatorze milliards d'années, c'est-à-dire le temps écoulé depuis le big bang, on en reçoit aujourd'hui l'écho sous forme fossile. Comparée à sa température initiale, elle est aujourd'hui mille fois plus froide, de sorte qu'on ne peut la capter que dans le domaine des micro-ondes. Ce rayonnement de fond cosmologique, prédit par la théorie, est bien la preuve expérimentale du refroidissement de l'Univers qui accompagne son expansion.

Autre propriété majeure du rayonnement fossile, sa température est quasiment partout la même, à de minuscules variations près. Dans la purée cosmique initiale, il fallait bien en effet que des grumeaux se soient formés, des sortes de germes autour desquels les premières étoiles et les premières galaxies ont pu s'agglomérer. Ce n'est qu'en 1992 que le télescope micro-ondes *Cobe*, placé en orbite, a rapporté les premières images de ces fluctuations de température. Sans elles, la formation des galaxies était inexplicable. Deux autres télescopes spatiaux beaucoup plus performants ont depuis permis d'améliorer considérablement ces mesures : l'américain *Wmap* en 2003 et l'européen *Planck* en 2013. Ils nous ont livré des informations incroyables sur l'âge, la forme et la constitution même de notre Univers.

31

PLUS NOIR QUE VOUS LE PENSEZ

Dans les années 1930, on pensait logiquement que la matière présente dans l'Univers se résumait aux astres visibles. Mais quand on s'est mis à calculer la masse de toutes les étoiles visibles d'une galaxie, on s'est aperçu que cela ne suffisait pas à expliquer leurs vitesses, beaucoup plus grandes qu'attendues. L'anomalie a été largement confirmée depuis. Explications possibles : soit on n'a rien compris aux lois de la gravité, ce qui paraît peu probable vu tous les succès accumulés, soit il existe de la matière invisible qui, par son champ de gravité, accélère les corps célestes. Cette matière noire réserve une autre surprise : calculs faits, on se rend compte qu'elle totalise plus de 95 % de toute la matière de l'Univers.

Aujourd'hui, trouver la nature de cette matière noire est l'un des casse-tête de la cosmologie et, parmi toutes les réponses théoriques données, aucune ne fait l'unanimité. C'est comme cela que fonctionne la recherche scientifique !

Et ce n'est pas tout, une surprise encore plus énorme attendait les astronomes. Qu'elle soit visible ou pas, faite d'atomes comme nous et les étoiles ou bien de particules bizarres engendrées au big bang, la matière exerce une force d'attraction qui doit ralentir la vitesse d'expansion de l'Univers. Lorsqu'en 1996 on a fait des observations pour mesurer ce ralentissement, on a constaté que la vitesse d'expansion ne ralentissait pas du tout, au contraire elle accélérait ! Cela implique qu'il y a une composante non matérielle qui est responsable. Faute de mieux, on l'appelle « énergie sombre », mais ce n'est pas une forme d'énergie usuelle puisqu'elle est répulsive, allant à l'encontre de la gravité. Qui plus est, elle représente aujourd'hui 68 % de la substance totale de l'Univers, de sorte qu'il n'en reste plus que 32 % pour la matière sous toutes formes, et sur ces 32 %, comme je l'ai déjà dit, plus de 95 % sont invisibles aux télescopes !

En fait, l'énergie sombre peut s'expliquer assez simplement dans le cadre de notre théorie de la gravitation, la relativité générale d'Einstein, dont les équations contiennent un terme appelé « constante cosmologique », qui en simule bien les effets. Mais pour certains physiciens, il s'agit d'une véritable énigme portant en elle une révolution pour la physique fondamentale, en impliquant l'existence d'une interaction nouvelle ou une modification de la relativité générale.

La nature de l'énergie sombre est donc devenue l'une des plus épineuses questions de la science moderne. Il ne se passe pas une semaine sans qu'un article paraisse dans une revue scientifique pour proposer une explication. L'une d'elles invoque l'énergie du vide. Parce que selon les lois de la physique quantique, le vide n'est pas le néant, c'est-à-dire l'absence de tout. Le vide quantique est agité par un bouillonnement de particules qui s'entrechoquent et se détruisent mutuellement. Ces interactions provoquent une pression gigantesque sur l'entourage qui peut expliquer le côté répulsif de l'énergie sombre.

Comme faire la part entre les différents modèles ? Là encore, les télescopes du futur peuvent apporter une réponse. *Euclid* est un télescope spatial de l'Agence spatiale européenne dont le lancement est planifié pour 2022. Son nom se réfère au grand mathématicien et astronome de l'Antiquité qui était capable de mesurer le temps à partir de l'ombre d'un bâton planté dans le sol. Les observations de ce nouvel instrument, portant sur dix milliards de sources astronomiques durant au minimum six ans, devraient contribuer à déterminer l'origine de l'accélération de l'expansion de l'Univers et la nature de sa source.

Récapitulons. Notre Univers est en expansion non seulement perpétuelle mais accélérée. Son évolution à long terme dépend de la répartition entre énergie sombre et matière noire. Celle-ci a évolué depuis le big bang. Durant les six premiers milliards d'années de l'histoire cosmique, la matière l'emportait et l'expansion ralentissait. Puis l'énergie sombre a pris le dessus et l'accélération a commencé. En sera-t-il toujours de même ? Si c'est le cas, une certaine solitude pointe à l'horizon : dans cent milliards d'années, à cause de l'énergie sombre, toutes les galaxies seront trop éloignées les unes des autres pour être observables en quelque lieu où l'on se trouvera. Le ciel sera tout noir. À condition que l'énergie sombre n'augmente pas encore la cadence, ce qui selon certaines théories n'est pas exclu. En ce cas, le programme serait plus court : dans vingt-deux milliards d'années, l'énergie sombre finirait par disloquer toute la matière, jusqu'au niveau atomique. On appelle cela le « déchirement généralisé ».

32

LES MUSIQUES DU COSMOS

Et si nous faisions une balade dans l'espace en musique ? Celle du cosmos, celle des vibrations stellaires, du cliquètement des pulsars, du tonnerre des trous noirs.

Il s'agit là bien sûr d'une métaphore. Aucun son ne se propage dans l'espace, car une onde acoustique a besoin d'un milieu physique comme l'air ou l'eau pour se manifester. Le quasi-vide interplanétaire et interstellaire n'offre pas un tel support. Les astronomes reçoivent en revanche des signaux lumineux à différentes longueurs d'onde. Le chant du ciel est un chant de lumière. Nous avons des oreilles géantes pour l'écouter : des télescopes au sol pour capter les rayonnements radio et optique, des télescopes en orbite pour les rayonnements infrarouge, ultraviolet, X et gamma.

Dans les années 1980, on a découvert que notre Soleil vibrait. Lorsque dans une bouilloire l'eau chauffe par le fond et qu'elle se met à faire des bulles, la bouilloire chante. Eh bien, il en va de même pour notre étoile. Sa surface est en ébullition parce que le Soleil vibre de l'intérieur, des ondes sonores le parcourent en tous sens. Ces ondes créent les variations de luminosité que nous observons à sa surface. On ne peut évidemment pas entendre les ondes acoustiques produites par le Soleil, mais on peut enregistrer les vibrations de ces ondes lumineuses. On les traduit ensuite en ondes acoustiques, ce qui nous permet d'entendre le bourdonnement du Soleil. C'est ainsi qu'on peut dire qu'il chante ! Et non seulement il chante, mais de même qu'une simple note de musique nous permet de déceler le type d'instrument qui l'a produite, ces ondes nous permettent de déduire ce qui se passe à l'intérieur de l'astre. L'étude de ces vibrations, appelée « sismologie stellaire », est une nouvelle discipline qui est en train de révolutionner nos connaissances sur la naissance, la vie et la mort des étoiles.

Certaines d'entre elles émettent des signaux strictement périodiques. Il s'agit des pulsars, résidus d'explosions d'étoiles massives qui, à la manière de toupies aimantées, émettent un faisceau de lumière tournant à la façon d'un phare. Véritables métronomes de l'espace, on peut en écouter le rythme implacable en faisant fonctionner les radiotélescopes comme des tourne-disques cosmiques. Les ondes radio qu'ils captent sont en effet converties en signaux électriques, que l'on peut amplifier, filtrer et recaler dans la gamme des sons audibles. Le chant des pulsars évoque alors le martèlement de percussions africaines. En 1991, j'ai collaboré avec le compositeur Gérard Grisey à la conception du *Noir de l'étoile*, une œuvre musicale écrite pour six percussionnistes bien humains et des *guest stars* – au sens propre du terme –, en l'occurrence des pulsars invités au moment du concert. Cette pièce d'une heure, très impressionnante, permet de relier le « temps des hommes », perçu par les auditeurs, au « temps des astres », délivré par ces inaccessibles étoiles mortes depuis plusieurs milliers d'années…

L'an dernier, j'ai eu la chance de travailler avec un autre grand compositeur de musique contemporaine, le Catalan Hèctor Parra. Nous avons transposé en sons un voyage physique à travers l'espace-temps courbé par la gravité des trous noirs, traversé par de puissantes vagues d'ondes électromagnétiques et gravitationnelles. Écrite pour grand orchestre symphonique et dispositif électroacoustique, l'œuvre, titrée *Inscape*, a été jouée dans quatre grandes villes européennes.

Vers la fin de la pièce, Hèctor Parra a rendu hommage à un modèle cosmologique que j'ai proposé au début des années 2000 à la suite d'observations micro-ondes effectuées par le télescope spatial *Wmap*. L'espace y prend une forme très particulière, celle d'un dodécaèdre sphérique dont les faces opposées sont recollées. Le compositeur a trouvé une équivalence musicale dans une brève séquence au cours de laquelle le voyageur-auditeur ressort du trou noir et débouche dans un nouvel univers à la forme singulière.

Certaines œuvres d'art traduisent la fragilité de l'existence humaine. En cela, elles se rapprochent de l'exploration de l'Univers lointain, qui nous rappelle combien la condition humaine, si limitée dans le temps et l'espace, paraît dérisoire. N'est-ce pas justement le propre de la recherche scientifique et de la création artistique que de nous élever au-dessus de cette condition ?

33

S'ENVOYER EN L'AIR

Le tourisme spatial est un fantasme industriel depuis plusieurs décennies. Les voyages privés vers la Lune ou les planètes peuplent en effet les livres de science-fiction. Le fantasme a commencé à devenir en partie réalité en 2001 grâce à l'agence spatiale russe, qui, en raison de difficultés budgétaires, a ouvert la porte aux premiers vols touristiques. Passant contrat avec l'entreprise américaine Space Adventures, elle a permis à une poignée de personnes fortunées d'être membres des équipages *Soyouz* en partance vers la *Station spatiale internationale*. Dennis Tito, un homme d'affaires américain, est ainsi devenu le premier touriste spatial payant, séjournant sept jours, vingt-deux heures et quatre minutes dans la station internationale, pour vingt millions de dollars.

À ce jour, on ne compte que sept vols touristiques pour six personnes, l'une d'elles y étant allée deux fois – à croire que ça lui avait plu malgré le prix du ticket : entre vingt et trente-cinq millions de dollars. On est très loin d'un tourisme de masse, et d'une certaine manière il vaut mieux compte tenu du coût écologique très élevé. Il n'y a d'ailleurs plus eu de séjour touristique dans la *Station spatiale internationale* depuis 2009. Mais ils pourraient reprendre bientôt, à l'initiative de richissimes entrepreneurs qui voient dans le tourisme spatial à bord de navettes ou d'avions-fusées réutilisables l'une des principales industries du XXIe siècle.

La compagnie SpaceX, d'Elon Musk, a récemment annoncé avoir vendu deux places pour un survol de la Lune à un milliardaire japonais collectionneur d'art, qui souhaite offrir entre six et huit places à des artistes tout autour du monde. Date de départ prévue : 2023. Prix du ticket : environ 5 % du coût de la mission, soit entre cent et cinq cents millions de dollars. Ils pourraient décoller à bord du véhicule spatial *Dragon* propulsé par le lanceur *Falcon Heavy*. Ce dernier est aujourd'hui le plus puissant du marché et il est réutilisable, d'où les impressionnantes images de retour au sol par atterrissages verticaux.

Quant aux déclarations du même Elon Musk affirmant être en mesure d'envoyer dès 2024 des hommes sur Mars avec une nouvelle superfusée, elles relèvent d'opérations de marketing destinées à récolter des fonds et sont totalement irréalistes.

C'est au début des années 2000 que se sont développés plusieurs projets de tourisme spatial conçus et gérés par des entreprises privées. Stimulé par la réussite en 2003 de *SpaceShipOne*, premier vaisseau privé à atteindre 100 kilomètres d'altitude mais conduit par un pilote chevronné, la société Virgin Galactic s'est mis en tête de proposer des vols commerciaux de deux à trois heures, permettant aux passagers de passer cinq minutes en apesanteur, pour la modeste somme de deux cent cinquante mille dollars. L'engouement a été tel que Virgin Galactic a compté plus de sept cents réservations issues de quarante-huit nationalités différentes, dont 87 % d'hommes et 13 % de femmes. Un aéroport destiné à cette activité, situé dans le désert du Nouveau-Mexique, a été inauguré en 2011. Or la date du premier vol suborbital touristique est régulièrement repoussée, car la mise au point du vaisseau *SpaceShipTwo* se révèle difficile. Le crash du 31 octobre 2014, faisant un mort et un blessé grave, a infligé un sérieux revers au projet.

Mais Virgin Galactic a construit en 2016 un nouvel exemplaire du lanceur *SpaceShipTwo*. Son premier vol a eu lieu en février dernier avec trois personnes à bord. L'appareil a atteint une altitude de 82,7 kilomètres, ce qui n'a pas manqué de soulever la critique de Jeff Bezos, le P-DG fondateur d'Amazon et de Blue Origin, la société rivale de tourisme suborbital. Le lanceur réutilisable *New Shepard*, de Blue Origin, a en effet l'ambition d'emmener cinq passagers à plus de 100 kilomètres d'altitude. Le premier vol entièrement automatisé a eu lieu en 2015, dix autres ont suivi sans aucun échec, et les premiers vols habités sont prévus dès l'an prochain. Avis aux amateurs fortunés et hardis : le risque d'accident fatal est loin d'être négligeable. En mai dernier Jeff Bezos a annoncé qu'il entendait participer à la nouvelle course à la Lune qui se joue entre Américains et Chinois avec un atterrisseur de 15 tonnes, *Blue Moon*, qui pourrait se poser sur la Lune en 2024.

Quant à la construction d'hôtels spatiaux, envisagée par plusieurs entreprises dès la fin des années 1990, elle relève encore aujourd'hui du domaine de la science-fiction, mais elle pourrait à terme devenir réalité si les vols touristiques suborbitaux ne s'avèrent pas plus risqués que les voyages en avion de ligne – ce qui est loin d'être acquis !

34

Demain la Chine

Souvenez-vous, au tout début de ces chroniques je vous disais que la Chine avait conçu les premières fusées à poudre il y a huit siècles. Eh bien, en ce début de IIIe millénaire, l'empire du Milieu s'est donné les moyens de renouer avec la grande épopée du passé. La Chine a dévoilé une impressionnante feuille de route jusqu'en 2045, qui fera d'elle la première puissance mondiale dans le domaine spatial, comme dans bien d'autres domaines d'ailleurs.

Le pays a déjà accédé à la troisième place depuis le vol réussi de son vaisseau *Shenzhou*, lancé en octobre 2003 par une fusée *Longue Marche* et ayant embarqué à son bord Yang Liwei, premier astronaute chinois – on dit aussi « taïkonaute », *tàikōng* désignant l'espace.

Depuis 2007, l'agence spatiale chinoise développe un important programme d'exploration lunaire baptisé du nom de la déesse de la Lune Chang'e. Jusqu'ici, le programme s'est concrétisé par le lancement de quatre sondes spatiales, dont l'atterrissage d'un robot explorateur en 2013 et, avec *Chang'e 4*, par la première mission à se poser sur la face cachée de la Lune, en janvier 2019, pour y déposer une astromobile.

Fin 2019-début 2020, ce sera le tour de *Chang'e 5*, qui alunira sur la face visible dans l'océan des Tempêtes, collectera 2 kilos de roches lunaires et les rapportera sur Terre. Le Centre national d'études spatiales français (Cnes) et son homologue chinois viennent d'annoncer un partenariat intégrant des expériences françaises à bord de la mission *Chang'e 6*, programmée pour 2023-2024, avec pour objectif de recueillir davantage d'échantillons lunaires des deux faces. D'ici à 2030, des robots exploreront les deux pôles de la Lune. La Chine démarrera ensuite des missions habitées, l'envoi du premier taïkonaute lunaire étant prévu à l'horizon 2036, puis l'installation d'une base qui, à terme, pourrait être occupée en permanence.

Le programme lunaire chinois n'a pas seulement des objectifs scientifiques, il a pour but de développer les technologies indispensables pour voyager bien plus loin que notre satellite naturel. La Chine a en effet dans ses cartons des projets de missions vers Mars, Vénus et Jupiter. Si Vénus et Jupiter sont des destinations de la décennie 2030, Mars est d'actualité. En parallèle aux missions lunaires, la Chine prévoit une expédition vers la planète rouge nommée HX-1. Elle se composera d'un orbiteur, d'une plateforme d'atterrissage et d'une astromobile, ce qui est très ambitieux pour une première tentative. Le lancement, prévu en juillet 2020, profitera d'une fenêtre favorable de tir qu'exploiteront aussi les rovers *Mars 2020* – de la Nasa –, *ExoMars 2020* – de l'Agence spatiale européenne –, ainsi que l'orbiteur *Hope* – des Émirats arabes unis.

Mais surtout, HX-1 sera le prélude à une mission de retour d'échantillons de roches martiennes à l'horizon 2030, avec l'objectif évident d'y parvenir avant les Américains et les Européens, qui planifient également une mission conjointe de retour d'échantillons au même moment. Les Chinois pourraient bien damer le pion à la Nasa et à l'ESA si ces deux agences continuent de tergiverser sur le financement de leur mission.

Si la Chine parvient à se poser sur Mars, elle deviendra le troisième pays à réussir cet exploit après la Russie et les États-Unis. Lors d'une première tentative, en 2016, l'Europe était bien parvenue à atteindre la surface martienne, mais pas en douceur : son atterrisseur *Schiaparelli* s'était écrasé !

L'agence spatiale chinoise a également annoncé l'envoi d'une sonde à destination de Jupiter et de son satellite Ganymède en 2036, et d'une autre visant la lointaine Uranus durant la décennie 2040. Pour ce faire, l'empire du Milieu prévoit une large gamme d'engins spatiaux, planifiant notamment une navette spatiale à propulsion nucléaire pour les destinations lointaines afin de raccourcir la durée des trajets interplanétaires. Le véhicule ne décollerait pas de la Terre, car cela est interdit, mais à partir d'une base lunaire.

Quelques sceptiques de tous bords doutent de la capacité des Chinois à disposer d'un lanceur suffisamment puissant pour atteindre leur objectif. On peut leur rétorquer ce fameux proverbe du Céleste Empire : « Quand le sage montre la Lune, l'idiot regarde le doigt » !

35

LA ROUTE DES ÉTOILES

Je vous ai déjà parlé des exoterres, ces planètes gravitant autour d'autres étoiles que le Soleil et qui ressemblent à la Terre. La plus proche d'entre elles, Proxima Centauri B, est un corps probablement rocheux avec une masse proche de celle de la Terre et une température d'équilibre permettant à l'eau d'être liquide à sa surface. Située à 40 000 milliards de kilomètres, c'est une destination idéale pour implanter l'espèce humaine sur une autre planète, soit par esprit d'exploration, soit parce que tôt ou tard notre demeure ne sera plus en mesure de nous accueillir en raison de la surpopulation, la famine, la pollution, l'hiver nucléaire et autres fléaux qui nous menacent.

Toutefois, même si une fusée pouvait se propulser à 1 % de la vitesse de la lumière, vitesse bien plus rapide que celle de nos engins spatiaux actuels, le voyage jusqu'à Proxima Centauri B durerait quatre cent vingt ans… Dans ces conditions, aucune expédition vers une exoplanète même proche n'est possible dans le temps imparti à une vie humaine.

Comment faire pour atteindre, malgré tout, les étoiles ? Suspendre la vie de l'équipage en le plongeant dans des cuves cryogéniques ou dans des modules d'hibernation ? Les techniques ne sont pas du tout au point. La meilleure option serait de bâtir des navires géants autonomes qui voyageraient dans l'espace durant plusieurs milliers d'années pendant que leur population vivrait et se reproduirait à bord, laissant la place à de nouvelles générations. En d'autres termes, des arches spatiales, appelées aussi « vaisseaux mondes » ou « vaisseaux générationnels ».

Des études scientifiques ont été faites sur le nombre optimal d'êtres humains permettant de se reproduire dans une arche spatiale tout en assurant une transmission saine du patrimoine génétique. Il y a beaucoup d'inconnues dans ce type de calcul, mais le nombre minimal tourne autour de dix mille personnes.

Après, il faut bien sûr penser à nourrir tout ce petit monde. S'il fallait se contenter d'une réserve d'aliments embarqués au départ, la masse requise atteindrait plusieurs millions de tonnes ! En outre, la quantité de vitamines contenues dans les aliments diminue avec le temps. La perspective de stocker les vivres n'est donc pas viable. En revanche, l'agriculture spatiale est une excellente solution permettant de nourrir une population nombreuse et d'éviter les carences en vitamines. Elle produit des aliments frais, recycle les nutriments et les matières fécales, génère de l'oxygène et purifie continuellement l'air. Quelles que soient les méthodes de culture, cela requiert une surface minimale importante exclusivement consacrée aux parcelles agricoles.

Si l'on rajoute les espaces nécessaires aux quartiers civils, les salles techniques, les engins de propulsion, les énormes quantités de carburant et ainsi de suite, il faudrait au bas mot construire un vaisseau cylindrique en rotation de 30 kilomètres de long et 3 kilomètres de rayon. Pourquoi en rotation ? Pour recréer bien sûr, grâce aux forces centrifuges, une pesanteur artificielle indispensable à l'être humain pour vivre et travailler.

Pour la forme cylindrique du vaisseau, c'est le pionnier de l'astronautique Hermann Oberth qui l'avait décrite en 1954. Son disciple Wernher von Braun avait quant à lui imaginé une grande roue en forme d'anneau. Comme quoi les pères des fusées de guerre allemandes V2 avaient dans leurs cartons des projets spatiaux de bien plus grande et noble envergure. Les avantages et les inconvénients de ces diverses structures ont été plus tard étudiés à la Nasa sous la direction du physicien américain Gerard O'Neill et décrites dans son livre *Les Villes de l'espace*.

L'un des écueils majeurs auquel se heurte ce genre de projet réside bien sûr dans le facteur humain. Même si l'enjeu peut être aussi important que la survie de l'espèce humaine, comment motiver une population nombreuse et diversifiée à s'embarquer dans un voyage dont elle ne connaîtra jamais la fin ? Problème inévitablement accru par le risque de déperdition des savoirs dans une petite société repliée sur elle-même, sans aucun apport de connaissance extérieure.

Une question à méditer, si l'on songe à notre époque présente et à ses fortes tendances aux replis communautaristes…

36

COURSE À LA VOILE COSMIQUE

Depuis le début de l'ère spatiale, chercheurs et ingénieurs ont proposé de nombreux concepts pour atteindre les étoiles à l'aide d'engins automatiques en un temps raisonnable. Outre les distances énormes à parcourir, le principal obstacle est la nécessité d'emporter le carburant. Non seulement la propulsion chimique à base d'ergols liquides actuellement utilisée est encombrante, mais son rendement énergétique est si faible qu'elle ne peut guère nous emmener plus loin que la Lune et les planètes du système solaire. D'où les modes de propulsion alternatifs comme la fusion nucléaire, les explosions atomiques ou encore l'antimatière.

Par exemple, le vaisseau du projet *Ramjet Bussard* collecterait les atomes d'hydrogène présents dans l'espace avant de les faire fusionner pour se propulser.

Le projet *Orion*, encore étudié par l'armée américaine, ferait exploser toutes les trois secondes une charge nucléaire grosse comme une noix à l'arrière d'un bouclier afin de profiter de la poussée produite.

Le projet *Aimstar*, quant à lui, combinerait fusion, fission et usage d'antimatière pour atteindre en mille quatre cents ans l'étoile la plus proche de nous, Proxima du Centaure, située à quatre années-lumière. Alors qu'une réaction nucléaire ne dégage qu'un millième de l'énergie de masse du combustible, le processus d'annihilation mutuelle de matière et d'antimatière a un rendement de 100 %.

Plus réalistes, les projets aux noms bien choisis de *Dedalus* et *Icarus* utiliseraient un type particulier de fusion nucléaire par confinement magnétique et atteindraient leur objectif en moins d'un siècle.

Hélas, aucune de ces techniques n'est maîtrisée, nous en sommes même très loin. Le rêve d'atteindre les étoiles semble donc devoir s'éteindre. Mais il renaît aujourd'hui sous l'impulsion d'ingénieurs visionnaires et de milliardaires ambitieux, qui reprennent une idée vieille de plusieurs décennies : et si c'est tout simplement à la voile que nous partions explorer les étoiles ?

Tel est l'objectif du *Breakthrough StarShot*. Le concept consiste à envoyer d'ici à trente ans des milliers de sondes miniaturisées vers le système d'Alpha du Centaure et plus particulièrement l'exo-planète de type terrestre qu'il semble héberger, Proxima Centauri B. Chaque sonde, équipée d'une voile photonique de 4 mètres de diamètre ne pesant pas plus de 4 grammes, serait accélérée jusqu'à 20 % de la vitesse de la lumière, soit 60 000 kilomètres par seconde, par un puissant faisceau laser tiré depuis la Terre. Le tir permettant aux sondes d'atteindre leur vitesse de croisière durerait moins de dix minutes, ce qui représente une accélération phénoménale. En à peine quatre jours elles rattraperaient les vaisseaux *Voyager* lancés il y a plus de quarante ans, et elles atteindraient notre étoile voisine en à peine vingt et un ans.

Plutôt qu'un engin de plusieurs milliers de tonnes, ce sont donc des milliers de sondes pas plus grandes que des timbres-poste que l'on enverrait. Grâce à la propulsion photonique initiale, nul besoin d'emporter la masse de carburant qui pénalise tous les voyages spatiaux. En 2016 et avec le parrainage scientifique de Stephen Hawking, le milliardaire russe Iouri Milner a lancé le projet en investissant cent millions de dollars sur cinq ans pour développer les études de faisabilité. Cela ne va pas sans poser de nombreux problèmes : pour propulser les sondes à la vitesse requise, le faisceau d'énergie dirigé devrait atteindre une puissance équivalente à celle de deux cents réacteurs nucléaires. Outre le défi technologique, cela représente un coût énergétique compris entre dix et cent milliards de dollars !

Le puissant laser serait installé au Chili, où le ciel est pur et Alpha du Centaure bien visible dans le ciel. Mais c'est bien beau d'envoyer des sondes ultrarapides vers Proxima B, encore faut-il qu'elles soient équipées pour prendre des images et nous les transmettre. Cela les alourdit, exige de l'énergie à bord pour faire fonctionner les instruments, nécessite de les équiper d'émetteurs capables de focaliser le signal vers la Terre avec une extrême précision, de disposer au sol de détecteurs suffisamment performants pour le recevoir et le décoder. Le rythme de transmission serait extrêmement faible, de un à cent bits par seconde, de sorte qu'il faudrait des décennies pour récolter la moisson.

Mais après tout, les défis technologiques ne sont-ils pas faits pour être relevés ? Et même s'ils n'aboutissent pas forcément, innombrables sont les retombées économiques en termes de recherche et développement.

37

LES VOYAGES FORMENT LA JEUNESSE

Deux lois fondamentales de la théorie de la relativité d'Albert Einstein régissent l'écoulement du temps en fonction de la vitesse. La première affirme que la vitesse de la lumière dans le vide, 300 000 kilomètres par seconde, est une limite non seulement indépassable, mais même inaccessible pour tout corps matériel. La seconde stipule que le temps est en quelque sorte « élastique », en ce sens que si l'on augmente sa vitesse propre, l'écoulement du temps est ralenti.

La première loi, portant sur la limitation de vitesse imposée par la lumière, peut paraître arbitraire, condamnée un jour à être dépassée dans le cadre d'une théorie plus perfectionnée que la relativité, comme ce fut souvent le cas dans l'histoire des sciences. Il n'en est rien : ce n'est en effet pas vraiment en termes de vitesse que se pose la limite, mais en termes d'énergie. On a la certitude, à la fois théorique et expérimentale, que pour propulser un objet – ne fût-ce qu'une particule élémentaire – à une vitesse tendant vers la vitesse de la lumière il faut lui conférer une énergie tendant vers l'infini. La limitation tombe dès lors sous le sens.

Il n'empêche que des physiciens ont imaginé un monde dit « superluminique », dans lequel toutes les particules, appelées « tachyons », circuleraient plus vite que la lumière. Mais pour cela, il faudrait que ces particules aient une masse représentée par un nombre mathématique imaginaire ; elles ne sont donc pas réelles, et le monde des tachyons est une pure fantaisie de l'esprit.

Cette contrainte de vitesse semble placer l'Univers hors de portée d'une vie humaine tant les distances qui nous séparent des étoiles sont énormes et, à l'exception des plus proches d'entre elles – situées à quelques années-lumière –, les rendent *a priori* inaccessibles à un voyageur. Une anagramme renversante de « la vitesse de la lumière » est d'ailleurs « limite les rêves au-delà »…

Mais est-ce si sûr ? Dans le roman de Pierre Boulle *La Planète des singes*, publié en 1963 et adapté plusieurs fois au cinéma, le commandant embarque dans un vaisseau spatial pour parcourir l'Univers à une vitesse proche de celle de la lumière. Au terme d'un voyage de dix-huit mois, il se retrouve sur une planète peuplée de singes très évolués, tandis que l'humanité est réduite à l'état animal. Il faut attendre la fin de l'histoire pour comprendre qu'il s'agit en réalité de la Terre, sur laquelle le voyageur est revenu dans un futur lointain.

Cette modification de l'écoulement du temps lorsqu'on voyage à grande vitesse est inspirée du célèbre paradoxe des « jumeaux », formulé au début du XXe siècle par le physicien français Paul Langevin. Il imagine que l'un des jumeaux part en fusée pour explorer l'espace à une vitesse proche de celle de la lumière, tandis que son frère reste sur Terre. Quand le voyageur revient et retrouve son frère, il constate que ce dernier – ainsi que le reste de la planète – a vieilli par exemple de quarante ans, tandis que lui n'a que cinq ans de plus qu'au départ. De fait, il n'a pas « rajeuni », mais son temps propre biologique s'est écoulé moins vite que s'il était resté sédentaire.

Il n'y a là rien de contradictoire : il s'agit d'une conséquence incontournable de la théorie de la relativité. L'expérience a d'ailleurs été réalisée avec des horloges atomiques jumelles ultra-précises, l'une restant au repos sur Terre, l'autre embarquée dans un avion. Au retour, on a bel et bien constaté que l'horloge voyageuse avait « gagné » quelques millioniémes de seconde par rapport à l'horloge sédentaire, en parfait accord avec les prédictions de la théorie – la petitesse de la différence étant due au fait que la vitesse d'un avion est très faible comparée à celle de la lumière. Même phénomène constaté avec les expériences effectuées dans les accélérateurs de particules, où celles-ci atteignent 99,99 % de la vitesse de la lumière. Leur temps de vie « en vol » est alors divisé par 20 par rapport à leur temps de vie au repos ! Et il en irait de même pour un hardi navigateur de l'espace s'aventurant au voisinage d'un trou noir, dont l'énorme champ de gravité l'accélérerait à une vitesse proche de celle de la lumière.

Après tout, ne dit-on pas que les voyages forment la jeunesse ?

38

VOL DANS UN TROU NOIR

Dans nombre de films et séries de science-fiction comme *Star Trek*, *Star Wars* ou *Battlestar Galactica*, on use et abuse de méthodes de transport à des vitesses superluminiques pour passer d'une galaxie à l'autre comme on prend le métro. Sorti en 2014, le film *Interstellar* conte plus sérieusement les aventures d'un groupe d'astronautes partis en quête de planètes habitables situées dans une autre galaxie, dans l'espoir d'une colonisation future. Sur Terre, en effet, ravages climatiques et famines ont conduit l'humanité à chercher un nouvel habitat dans les mondes lointains.

Quand je dis « plus sérieusement », je veux dire que le scénario d'*Interstellar* s'appuie sur des développements de la physique contemporaine, allant de concepts relativement bien établis, comme les trous noirs et les distorsions temporelles, à des idées beaucoup plus spéculatives, comme les trous de ver, hypothétiques tunnels de l'espace-temps pouvant offrir des raccourcis pour voyager à des distances normalement inaccessibles. L'astronome Carl Sagan avait déjà exploité l'idée dans son roman *Contact*, où ses personnages utilisaient des trous de ver pour communiquer avec des civilisations extraterrestres. Avec *Interstellar*, il s'agit carrément de se rendre physiquement dans d'autres galaxies !

L'idée d'utiliser les trous noirs pour voyager dans l'espace et dans le temps découle de l'une des hypothèses les plus fascinantes de la relativité générale, qui décrit la forme extrêmement distordue de l'espace-temps au sein d'un trou noir en rotation. Ce dernier n'aurait pas de fond mais abriterait un « trou de ver », sorte de connexion entre le trou noir et une autre région de l'Univers symétrique du trou noir appelée simplement « trou blanc », d'où l'énergie et la lumière sortiraient spontanément. À cet égard je préfère le terme de « fontaine blanche », plus adapté à la situation !

Le terme de « trou de ver », inventé par le physicien américain John Wheeler, provient de l'analogie suivante : imaginons que l'espace soit représenté par la surface d'une pomme, qui est le symbole de la gravitation depuis Newton. Un ver de type asticot est sur la pomme et veut aller de l'autre côté. S'il reste à la surface, la distance qui le sépare du point diamétralement opposé est la demi-circonférence ; mais si l'invertébré ronge la pomme en creusant une galerie, il se rend plus directement à destination en empruntant ce trou. Eh bien, dans l'espace-temps relativiste, une particule ou un vaisseau spatial plongeant dans un trou noir ne resterait pas forcément bloqué au fond pour y être détruit par des forces gravitationnelles infinies ; il pourrait traverser sans encombre le trou de ver et ressortir ailleurs dans l'Univers, arbitrairement loin dans l'espace et dans le temps – y compris dans son propre passé !

L'hypothèse fascine les physiciens et davantage encore les écrivains de science-fiction, dans la mesure où les trous de ver feraient office de « raccourcis » permettant de voyager d'un bout à l'autre de l'Univers en s'affranchissant des distances normalement impossibles à parcourir, en raison de la limitation de vitesse imposée par la lumière. Cela permettrait à une civilisation suffisamment avancée pour maîtriser de telles « portes » de voyager vers les autres étoiles, voire les autres galaxies.

Notons cependant que, en raison des importantes forces de marée gravitationnelles engendrées par un trou noir, seuls les trous noirs géants présents au centre des galaxies, et leurs éventuels trous de ver associés, ne présenteraient pas de danger pour l'intégrité d'un vaisseau spatial.

Si ces modèles existent mathématiquement, il y a hélas peu d'espoir qu'ils correspondent à une quelconque réalité physique. D'une part, aucune fontaine blanche n'a jamais été observée – contrairement aux trous noirs. D'autre part, même si un trou de ver pouvait se former dans la nature, il serait extrêmement instable et aurait tendance à se boucher à la moindre perturbation, ne serait-ce qu'une particule élémentaire le pénétrant, ou *a fortiori* un vaisseau spatial.

Mais comme les physiciens théoriciens ne sont jamais à court d'idées, ils ont imaginé que l'on pourrait artificiellement stabiliser un trou de ver en y injectant une forme d'énergie répulsive, afin de le traverser sans encombre…

39

Vivre ailleurs

Envoyer un corps humain dans l'espace, c'est un peu comme envoyer un brin d'herbe dans un volcan ou une bougie dans la tornade : ça craint. Ce sont dès lors combinaisons, casques, coques, cuirasses et boucliers à n'en plus finir. Le vide, le froid, les rayons cosmiques, les cailloux errants sont autant d'ennemis absolus qui, en quelques secondes à peine, vous transforment la tendre chair humaine en charpie.

Tous ces obstacles ont pourtant été pris à bras-le-corps un à un par des ingénieurs obstinés, à la suite de quoi une poignée d'êtres humains transformés en bonshommes Michelin a finalement réussi à gambader presque élégamment sur la Lune. Mais quand l'excursion devient un périple d'un an ou deux, une nouvelle génération de problèmes surgit, bien plus inextricables que les premiers. Ce n'est pas parce que l'organisme peut supporter un bref séjour dans un bunker spatial qu'il peut s'y habituer pour de bon.

Les astronautes qui reviennent sur Terre après avoir passé plusieurs mois dans l'espace ne se sentent généralement pas très bien. Le sens de l'équilibre perd la verticale, les os perdent leur calcium, les muscles fondent, le sang monte à la tête, les globules rouges disparaissent, le système immunitaire s'affaiblit, le volume pulmonaire diminue. Il s'agit donc de trouver des stratégies de compensation destinées aux os, aux muscles, aux fluides, au métabolisme, sans parler du psychisme. Il faudra certainement des années encore pour pouvoir dire que l'on a passé en revue tous les problèmes de fonctionnement du corps humain dans l'espace.

Admettons que l'on y parvienne un jour. Va-t-on pour autant se précipiter pour s'installer ailleurs que sur notre bonne vieille Terre, laquelle a en effet tendance à devenir de plus en plus invivable ? Des obstacles vraiment sérieux s'opposent à l'éventualité d'un séjour d'êtres humains sur d'autres planètes, que ce soit dans le cadre d'une mission scientifique de courte durée ou pour une installation plus durable.

L'obstacle essentiel concerne les conditions de vie sur toutes les planètes du système solaire. Elles sont effectivement inhabitables pour l'être humain, à moins que celui-ci ne soit muni d'équipements lourds et coûteux. À titre d'exemple, l'atmosphère est pratiquement inexistante sur la Lune et sur Mercure, irrespirable sur Mars, tandis qu'à la surface de Vénus, où il fait 450 degrés, l'homme serait cuit en quelques minutes. Pourtant, certains scénarios ont été imaginés par les chercheurs.

On peut ainsi envisager l'installation d'une base lunaire entièrement close, constituée d'une grande bulle sous laquelle les astronautes se trouveraient à l'abri, évoluant dans une atmosphère artificielle. À beaucoup plus grande échelle, on a évoqué une installation sur Mars, qui nécessiterait de modifier les conditions atmosphériques à la surface de cette planète. Comment ? En chauffant éventuellement la calotte polaire sud au moyen d'un immense miroir tournant autour de la planète et réfléchissant la lumière du Soleil. La fonte des glaces polaires constituées d'eau, de dioxyde de carbone et de méthane provoquerait un dégagement de puissants gaz à effet de serre, entraînant une élévation de la température et de la pression atmosphérique.

Si l'on tentait simultanément de mettre en place des micro-organismes vivants, comme des lichens, capables d'assurer une photosynthèse conduisant à la production d'oxygène, on rendrait peu à peu l'atmosphère martienne compatible avec la présence de l'homme. Outre des moyens techniques et économiques gigantesques, ce scénario nécessiterait toutefois plusieurs millénaires. On se situe donc à la frontière entre science et science-fiction, entre réalisme et utopie.

Rêvons un peu quand même. On peut raisonnablement espérer que la Lune sera la première escale pour l'expansion de l'humanité à travers le système solaire. À la fin de la prochaine décennie, il devrait être possible d'installer une petite base habitée en permanence par six à douze personnes, qui effectueront des séjours de trois à six mois. Elles y mèneront des expériences de géologie, de biologie, mettront en place des écosystèmes. La suite est plus hypothétique. En 2040, nous pourrions être capables d'établir un village de deux cents personnes et, vingt ans plus tard, un bourg lunaire de mille individus. Et en 2069, un siècle après *Apollo 11*, date symbolique, les sélénites pourraient déclarer l'indépendance de la Lune !

40

LA COLONISATION DE LA GALAXIE

Et si au lieu de partir visiter l'Univers c'est l'Univers qui nous rendait visite ? Je veux parler bien sûr d'un contact avec une civilisation extraterrestre technologiquement avancée. En 1961, l'astronome Frank Drake a calculé le nombre de civilisations avancées existant à un moment donné dans notre galaxie. Sa formule, assez inattaquable du point de vue de la logique, dépend de nombreux paramètres sur lesquels règnent d'énormes incertitudes. Suivant les estimations que l'on prend pour chacun des paramètres, l'équation fournit des prévisions allant de une à dix mille civilisations pouvant être contactées dans notre galaxie. On fait l'impasse sur les quelques centaines de milliards d'autres galaxies dans l'Univers.

Il est difficile d'imaginer à quoi ressemblerait une civilisation extraterrestre. Un fait qui semble néanmoins probable est qu'une telle civilisation finirait inévitablement par chercher à se répandre au-delà de sa planète d'origine. On peut citer au moins trois raisons pour lesquelles cet objectif semble naturel : l'exploration, la colonisation et la survie.

Des modèles de colonisation galactique ont été élaborés, sur la base de voyages affichant 1 % de la vitesse de la lumière et un temps d'appropriation des planètes viables de mille ans. Le résultat ressemble à la dispersion du corail terrestre et donne un temps allant de deux à dix millions d'années. Cette durée, aussi astronomique soit-elle, est néanmoins très courte par rapport aux dix milliards d'années d'âge de notre galaxie.

Un paradoxe initialement soulevé dans les années 1950 par le physicien Enrico Fermi est alors le suivant : pourquoi l'humanité n'a-t-elle trouvé aucune trace convaincante de civilisation extraterrestre, alors que le Soleil est plus jeune que beaucoup d'étoiles de la Voie lactée ? Des civilisations plus avancées auraient dû apparaître dans les systèmes planétaires plus âgés et, à défaut de nous rendre visite, laisser des signes radio ou archéologiques observables de la Terre. En leur absence manifeste et en mettant de côté les très hypothétiques ovnis, Fermi en concluait que nous étions seuls dans la galaxie, ou du moins les premiers à atteindre le seuil de la technologie.

Cette hypothèse semble raisonnable : la probabilité d'apparition de vie intelligente pourrait être si faible que la Terre serait un cas unique dans la galaxie. Elle est néanmoins peu satisfaisante, car elle redonne un rôle privilégié à la Terre, alors que l'astronomie a montré tout au long de son histoire que notre planète n'a rien de spécial.

De nombreux contre-arguments au raisonnement de Fermi ont donc été avancés. Par exemple, nous recherchons des extraterrestres depuis trop peu de temps pour nous rendre compte de leur existence ou déchiffrer leurs signaux. Ils pourraient en outre utiliser des modes de communication que nous ne connaissons pas encore et qui sont impossibles à déchiffrer.

Autre explication, les voyages interstellaires sont impossibles ou ne sont pas jugés souhaitables. Autre hypothèse encore, les extraterrestres ont bel et bien colonisé la galaxie, mais ils nous évitent, soit parce que notre planète ne les intéresse pas du tout, soit parce que nous leur paraissons trop dangereux et infréquentables, soit encore parce qu'ils appliquent un code éthique de non-ingérence, interdisant à une civilisation avancée de tenter la moindre interaction avec une autre forme de vie. Hypothèse pour laquelle vous remarquerez que l'histoire de l'humanité ne donne pas vraiment le bon exemple…

Autre idée assez excitante : les extraterrestres sont déjà là, mais, à part quelques rencontres dites « de troisième type », nous ne les avons pas remarqués. Peut-être nous observent-ils en toute discrétion, jugeant qu'un contact est trop prématuré.

Finalement, l'explication la plus inquiétante serait que les civilisations extraterrestres finissent inéluctablement par s'autodétruire avant d'accéder au stade du voyage interstellaire. À examiner l'état présent du monde, il semble que notre propre civilisation en prenne, hélas, le chemin.

La quête des mystères de l'Univers, qui passe par l'imagination créatrice des astrophysiciens autant que par l'exploration spatiale, est l'un des moyens les plus efficaces pour comprendre ce qui nous est étranger et lointain, autrement dit pour accepter l'altérité. Je suis persuadé que la sauvegarde de notre civilisation en dépend de façon cruciale.

Bibliographie

Gaston Bachelard, *La Poétique de l'espace*, PUF, 1957 ; PUF, coll. « Quadrige », 2012.

Pierre Boulle, *La Planète des singes*, Julliard, 1963 ; Pocket, coll. « Best », 2017.

Giordano Bruno, *L'Infini, l'univers et les mondes*, 1584 ; Berg International, 2015.

Blaise Cendrars, *L'Eubage*, Au sans pareil, 1926 ; Honoré Champion, Cahiers Blaise Cendrars, 1995.

Savinien Cyrano de Bergerac, *Histoire comique des États et empires de la Lune*, 1657 ; Gallimard, coll. « Folio classique », 2004.

Dante, *La Divine Comédie*, 1472 ; Flammarion, 2010.

Charles Dobzynski, *L'Opéra de l'Espace*, Gallimard, coll. « Blanche », 1963.

Francis Godwin, *L'Homme dans la Lune*, 1648 ; Marguerite Waknine Éditions, coll. « Les cahiers de curiosités », 2018.

Johannes Kepler, *Le Songe ou l'astronomie lunaire*, 1634 ; Presses universitaires de Nancy, 1984.

Francesco Lana de Terzi, *Prodromo*, 1670 ; Hardpress Publishing, 2013.

Hermann Oberth, *La Fusée dans les espaces interplanétaires*, Munich, 1923.

Gerard K. O'Neill, *Les Villes de l'espace*, Robert Laffont, coll. « Les Visages de l'avenir », 1978.

Johann Paul Friedrich Richter, *La Comète*, 1820, dans Jean Paul, *Choix de rêves*, préf. et trad. Albert Béguin, Culture Plus, 1964.

Claude Roy, « Lune démodée », dans *Les Pas du silence*, Gallimard, 1993.

Lucien de Samosate, *Voyages extraordinaires*, Les Belles Lettres, 2009.

Carl Sagan, *Contact*, trad. William Olivier Desmond, Pocket, 1997.

Konstantin Tsiolkovski, *Le Chemin des étoiles*, 1893 ; édition en langue étrangère, Moscou, 1963.

Jules Verne, *De la Terre à la Lune, trajet direct en 97 heures 20 minutes*, Pierre-Jules Hetzel, 1865 ; Kimane, coll. « Hetzel », 2019.

Jules Verne, *Autour de la Lune*, Pierre-Jules Hetzel, 1870 ; Kimane, coll. « Hetzel », 2019.

Herbert George Wells, *La Machine à explorer le temps*, 1895 ; Gallimard, coll. « Folio SF », 2016.

Herbert George Wells, *Les Premiers Hommes dans la Lune*, 1901 ; Éditions de l'Aube, coll. « Mikros Classique », 2017.

Filmographie

Alfonso Cuarón (réal.), *Gravity*, Esperanto filmoj et Reality Media, 2013.

Philip Kaufman (réal.), *L'Étoffe des héros*, The Ladd Company et Warner Bros., 1983.

Stanley Kubrick (réal.), *2001 : L'Odyssée de l'espace*, Metro-Goldwyn-Mayer et Polaris, 1968.

Fritz Lang (réal.), *Une femme dans la Lune*, Fritz Lang-Film et Universum Film AG, 1929.

Glen A. Larson (créa.), *Battlestar Galactica*, Universal Studios, 1978-2013.

George Lucas (créa.), *Star Wars*, Lucasfilm, 1977-2019.

Georges Méliès (réal.), *Le Voyage dans la Lune*, Star Film, 1902.

Christopher Nolan (réal.), *Interstellar*, Warner Bros., Paramount Pictures, Legendary Pictures et Syncopy Films, 2014.

Gene Roddenberry (créa.), *Star Trek*, Paramount Pictures, 1966-2019.

Discographie

Gérard Grisey, *Le Noir de l'étoile*, pour six percussionnistes disposés autour du public, bande magnétique et transmission *in situ* de signaux astronomiques, texte de Jean-Pierre Luminet, Ricordi, 1990. CD : Les Percussions de Strasbourg, Musidic, 2004.

Hèctor Parra, *Inscape*, pour ensemble de seize solistes, orchestre et électronique, Universal Music Publishing, 2018. https://www.youtube.com/watch?v=szlNwrSBf1s.

The Tornadoes, *The Original Telstar – The Sounds of the Tornadoes*, London Records, 1962. https://www.youtube.com/watch?v=ryrEPzsx1gQ.

TABLE DES MATIÈRES

Ouvrage composé par
PCA 44400 Rezé

Imprimé en Espagne par
Liberdúplex
à Sant Llorenç d'Hortons (Barcelone)
en juillet 2020

S30874/01